Tanu Gupta

Utilização da ciência dos dados para o avanço da saúde mundial

Tanu Gupta

Utilização da ciência dos dados para o avanço da saúde mundial

Ciência dos dados para os cuidados de saúde

ScienciaScripts

Imprint

Cover image: www.ingimage.com

This book is a translation from the original published under ISBN 978-620-7-47674-9.

Publisher:
Sciencia Scripts
is a trademark of
Dodo Books Indian Ocean Ltd. and OmniScriptum S.R.L publishing group

120 High Road, East Finchley, London, N2 9ED, United Kingdom
Str. Armeneasca 28/1, office 1, Chisinau MD-2012, Republic of Moldova, Europe
Printed at: see last page
ISBN: 978-620-7-40866-5

UTILIZAÇÃO DA CIÊNCIA DOS DADOS PARA O AVANÇO DA SAÚDE MUNDIAL

ÍNDICE DE CONTEÚDO

PREFÁCIO

Neste livro, exploramos a intersecção entre a ciência dos dados e a saúde global, dois campos que têm o potencial de revolucionar a forma como abordamos os cuidados de saúde à escala global. A ciência dos dados, com as suas ferramentas e técnicas para analisar e interpretar conjuntos de dados grandes e complexos, oferece oportunidades sem precedentes para melhorar os resultados de saúde, compreender os padrões das doenças e otimizar a prestação de cuidados de saúde. A saúde global, por outro lado, centra-se na melhoria da saúde e na obtenção de equidade na saúde para todas as pessoas em todo o mundo, reconhecendo que a saúde é influenciada por factores que ultrapassam as fronteiras nacionais.

A integração da ciência dos dados na saúde global tem o poder de transformar este domínio de várias formas. Em primeiro lugar, permite-nos tirar partido das vastas quantidades de dados gerados nos sistemas de saúde, incluindo registos de saúde electrónicos, imagiologia médica e dispositivos portáteis, para extrair informações valiosas que podem informar a tomada de decisões clínicas e as políticas de saúde pública. Em segundo lugar, a ciência dos dados permite-nos modelar e prever surtos de doenças, acompanhar a propagação de doenças infecciosas e identificar populações em risco, permitindo intervenções atempadas e a afetação de recursos. Em terceiro lugar, permite-nos personalizar a medicina, analisando os dados genéticos, ambientais e de estilo de vida de cada indivíduo para adaptar os tratamentos e as intervenções de modo a obter melhores resultados.

Ao longo do livro, apresentamos estudos de caso e exemplos de todo o mundo para ilustrar o impacto real da ciência dos dados na saúde global. Também discutimos as tendências emergentes e as direcções futuras neste domínio, destacando o potencial para mais inovação e colaboração.

Organização do livro

Este livro está dividido em várias secções, cada uma focando um aspeto diferente da utilização da ciência dos dados para o avanço da saúde global. Na primeira secção, apresentamos uma visão geral do campo, discutindo a importância da ciência dos dados na saúde global, o seu potencial impacto e os desafios e considerações éticas envolvidos.

CAPÍTULO 1
INTRODUÇÃO

Numa era definida pela abundância de dados e pelo avanço tecnológico, o domínio da saúde global encontra-se no limiar de uma viagem transformadora. A integração da ciência dos dados no domínio dos cuidados de saúde deu início a uma nova era de possibilidades, oferecendo perspectivas e soluções sem paralelo para desafios antigos. Este livro procura explorar as inúmeras formas como a ciência dos dados está a remodelar o panorama da saúde global, impulsionando-nos para um futuro de melhores resultados em termos de saúde e de melhor prestação de cuidados de saúde à escala global. A convergência da ciência dos dados e dos cuidados de saúde representa uma mudança de paradigma significativa, redefinindo as fronteiras tradicionais da prestação de cuidados de saúde e da gestão das doenças. A ciência dos dados, com o seu leque diversificado de ferramentas e metodologias analíticas, permitiu aos profissionais de saúde e aos decisores políticos tirar partido do poder dos dados de uma forma sem precedentes. Da modelação preditiva à medicina de precisão, a ciência dos dados abriu novas vias para a compreensão de problemas de saúde complexos e para a conceção de intervenções específicas. O âmbito da ciência dos dados na saúde global é vasto e multifacetado, abrangendo uma vasta gama de aplicações e disciplinas. No seu cerne, a ciência dos dados na saúde mundial tem como objetivo tirar partido de conhecimentos baseados em dados para enfrentar os principais desafios na prestação de cuidados de saúde, na prevenção de doenças e na promoção da saúde. Isto inclui, entre outros, a análise de tendências epidemiológicas, a previsão de surtos de doenças, a otimização da atribuição de recursos de cuidados de saúde e o avanço da medicina personalizada.

1.1 Visão geral da importância da ciência dos dados para melhorar a saúde mundial

A ciência dos dados emergiu como uma força transformadora no domínio da saúde global, oferecendo novas perspectivas, ferramentas e metodologias que estão a revolucionar a forma como abordamos os desafios da saúde. Na sua essência, a ciência dos dados utiliza as vastas quantidades de dados gerados pelos sistemas de saúde, estudos de investigação e iniciativas de saúde pública para descobrir padrões, tendências e correlações que podem informar a tomada de decisões e impulsionar a inovação [3]. Ao aplicarem análises avançadas, aprendizagem automática e inteligência artificial a estes conjuntos de dados, os cientistas de dados podem extrair conhecimentos accionáveis que podem ser utilizados para melhorar os resultados de saúde, prevenir doenças e otimizar a prestação de cuidados de saúde. Uma das principais formas em que a ciência dos dados está a transformar a saúde global é através da vigilância de doenças e da deteção de surtos. Ao analisar dados de várias fontes, como registos de saúde electrónicos, relatórios laboratoriais e redes sociais, os cientistas de dados podem detetar precocemente padrões indicativos de surtos de doenças, permitindo que os funcionários da saúde pública implementem intervenções atempadas e evitem a propagação de doenças. Por exemplo, durante os surtos de Ébola de 2014-2016 na África Ocidental, os cientistas de dados utilizaram dados de telemóveis para acompanhar os movimentos da população e prever a propagação do vírus, permitindo que os profissionais de saúde mobilizassem recursos de forma mais eficaz e contivessem o surto [4]. Para além da vigilância de doenças, a ciência dos dados está também a desempenhar um papel crucial no avanço da medicina de precisão e dos cuidados de saúde personalizados. Ao analisar conjuntos de dados genómicos e clínicos em grande escala, os cientistas de dados podem identificar marcadores genéticos e outros factores que influenciam os resultados de saúde individuais, permitindo tratamentos mais direccionados e eficazes. Esta abordagem personalizada dos cuidados de saúde tem o potencial de revolucionar a forma como tratamos doenças como o cancro, a diabetes e as doenças cardíacas, conduzindo a melhores resultados para os doentes em todo o mundo. Além disso, a ciência dos dados também está a ser utilizada para otimizar a prestação de cuidados de saúde e a atribuição de recursos. Ao analisar os dados dos cuidados de saúde, como a demografia dos doentes, os resultados dos tratamentos e os padrões de utilização dos cuidados de saúde, os cientistas de dados podem identificar ineficiências no sistema de saúde e desenvolver estratégias para melhorar o acesso aos cuidados e reduzir os custos. Por exemplo, a ciência dos dados pode ajudar os hospitais e os prestadores de cuidados de saúde a prever as admissões de doentes e a afetar os recursos em conformidade, garantindo que os doentes recebem os cuidados de que necessitam quando precisam. No entanto, apesar dos potenciais benefícios da ciência dos dados na melhoria da saúde global, há também desafios e limitações que devem ser abordados. Um dos principais desafios é a qualidade e a disponibilidade dos dados. Em muitas partes do mundo, os dados relativos aos cuidados de saúde são fragmentados, incompletos ou de má qualidade, o que dificulta a obtenção de informações significativas. Além disso, há também considerações éticas, como a privacidade e a segurança dos dados, que devem ser cuidadosamente geridas para garantir que os dados são utilizados de forma responsável e ética.

1.2 Breve história da ciência dos dados nos cuidados de saúde

A história da ciência dos dados nos cuidados de saúde é um testemunho da evolução da tecnologia e do seu impacto no domínio da medicina. Embora o termo "ciência dos dados" possa ser relativamente recente, a utilização de dados para informar a tomada de decisões médicas remonta a séculos. Os primeiros médicos baseavam-se em dados de observação para diagnosticar e tratar os doentes, utilizando as suas observações para desenvolver teorias sobre as causas das doenças e a eficácia dos tratamentos. No entanto, só com o advento da computação moderna é que a ciência dos dados começou a revolucionar verdadeiramente os cuidados de saúde.

As raízes da ciência dos dados nos cuidados de saúde remontam às décadas de 1950 e 1960, quando os investigadores começaram a explorar a utilização de computadores para analisar dados médicos. Um dos primeiros exemplos foi o desenvolvimento do Medical Information Bus (MIB) [5], um sistema computorizado para armazenar e recuperar registos de doentes. Este sistema lançou as bases para os sistemas de registos de saúde electrónicos (EHR) que são agora comuns em ambientes de cuidados de saúde em todo o mundo. Nas décadas de 1970 e 1980, os avanços na tecnologia informática abriram caminho a técnicas de análise de dados mais sofisticadas. Os investigadores começaram a desenvolver algoritmos para analisar dados de imagiologia médica, como os raios X e as ressonâncias magnéticas, para ajudar no diagnóstico de doenças como o cancro e as doenças cardíacas. Estes primeiros esforços lançaram as bases para o domínio da informática da imagiologia médica, que continua a ser uma área importante de investigação e desenvolvimento nos cuidados de saúde.

Nos anos 90, assistiu-se a um aumento do interesse pela ciência dos dados e pelas suas potenciais aplicações nos cuidados de saúde. O surgimento da Internet e a proliferação de dados digitais criaram novas oportunidades para os investigadores recolherem, analisarem e partilharem informações médicas. Um dos principais desenvolvimentos durante este período foi a criação de bases de dados em grande escala, como a National Institutes of Health (NIH) National Database for Autism Research (NDAR), que permitiu aos investigadores aceder e analisar dados de milhares de doentes [6].

No início da década de 2000, o domínio da ciência dos dados na área da saúde começou a amadurecer, com os investigadores a desenvolverem algoritmos e técnicas analíticas mais sofisticados. Um dos principais desenvolvimentos durante este período foi a aplicação de algoritmos de aprendizagem automática a dados médicos. Estes algoritmos, que são capazes de aprender com os dados e fazer previsões [7], têm sido utilizados para desenvolver modelos preditivos para doenças como a diabetes e o cancro, bem como para analisar conjuntos de dados genómicos e clínicos em grande escala.

Atualmente, a ciência dos dados está na vanguarda da inovação nos cuidados de saúde, com investigadores e profissionais a utilizarem abordagens baseadas em dados para enfrentar alguns dos maiores desafios da medicina. Desde a previsão de surtos de doenças até à personalização de tratamentos para pacientes individuais, a ciência dos dados tem o potencial de revolucionar a forma como abordamos os cuidados de saúde. À medida que a tecnologia continua a avançar, o domínio da ciência dos dados nos cuidados de saúde continuará provavelmente a crescer e a evoluir, conduzindo a novas descobertas e a melhores resultados para os doentes em todo o mundo.

1.3 Âmbito do livro

O âmbito deste livro é abrangente, com o objetivo de proporcionar uma exploração exaustiva da intersecção entre a ciência dos dados e a saúde global. O livro abrangerá uma vasta gama de tópicos, incluindo os conceitos fundamentais da ciência dos dados nos cuidados de saúde, as aplicações da ciência dos dados na saúde global, os desafios e as considerações éticas da utilização da ciência dos dados nos cuidados de saúde e as tendências e oportunidades futuras neste domínio. Uma das principais áreas em que o livro se centrará é a dos conceitos fundamentais da ciência dos dados nos cuidados de saúde. Isto inclui uma panorâmica dos princípios básicos da ciência dos dados, como a recolha, o armazenamento e a análise de dados, bem como os desafios e considerações específicos que surgem quando se aplicam estes princípios aos contextos dos cuidados de saúde. O livro explora também as várias fontes de dados utilizadas nos cuidados de saúde, como os registos de saúde electrónicos, os dados de imagiologia médica e os dados genómicos, e a forma como estas fontes podem ser aproveitadas para melhorar os resultados globais em matéria de saúde.

O livro também se debruçará sobre as aplicações da ciência dos dados na saúde global, destacando exemplos do mundo real e estudos de caso que demonstram o impacto da ciência dos dados na prestação de cuidados de saúde e na gestão de doenças. Isto inclui a utilização da ciência dos dados na vigilância de doenças e previsão de surtos, medicina de precisão e cuidados de saúde personalizados, afetação de recursos de cuidados de saúde e intervenções de saúde pública. Ao apresentar estas aplicações, o livro tem como objetivo ilustrar as diversas formas como a ciência dos dados pode ser utilizada para enfrentar os desafios da saúde global. Para além de explorar as aplicações da ciência dos dados na saúde global, o livro também examinará os desafios e as considerações éticas que surgem quando se utiliza a ciência dos dados nos cuidados de saúde. Isto inclui questões como a privacidade e a segurança dos dados, a parcialidade dos algoritmos e a fratura digital. Ao abordar estes desafios de frente, o livro tem como objetivo fornecer uma compreensão abrangente das implicações éticas e sociais da utilização da ciência dos dados nos cuidados de saúde e da forma como estas implicações podem ser abordadas.

CAPÍTULO 2

FUNDAMENTOS DA CIÊNCIA DOS DADOS NOS CUIDADOS DE SAÚDE

A base da ciência dos dados nos cuidados de saúde assenta na integração de técnicas analíticas avançadas, ferramentas computacionais e grandes quantidades de dados de cuidados de saúde para melhorar os resultados dos doentes, otimizar a prestação de cuidados de saúde e fazer avançar a investigação médica. Esta secção do livro fornece uma exploração aprofundada dos conceitos fundamentais da ciência dos dados nos cuidados de saúde, oferecendo aos leitores uma compreensão abrangente da forma como a ciência dos dados está a transformar o campo da medicina.

A evolução da ciência dos dados nos cuidados de saúde pode ser rastreada até aos primórdios da investigação médica, quando os investigadores começaram a reconhecer o potencial da análise de dados para melhorar os resultados dos cuidados de saúde. Os primeiros esforços centraram-se na análise estatística básica de dados clínicos, como os dados demográficos dos doentes e os resultados dos tratamentos, para identificar padrões e tendências. No entanto, só com o advento da computação moderna é que a ciência dos dados começou a revolucionar verdadeiramente os cuidados de saúde.

Os dados desempenham um papel crucial nos cuidados de saúde, servindo de base para a tomada de decisões baseadas em provas, a investigação médica e as iniciativas de melhoria da qualidade. Os dados relativos aos cuidados de saúde assumem várias formas, incluindo registos de saúde electrónicos (EHR), dados de imagiologia médica, dados genómicos e dados de dispositivos portáteis [8]. Cada uma destas fontes de dados fornece informações valiosas sobre a saúde dos doentes, os padrões de doença e a eficácia do tratamento, que podem ser aproveitadas para melhorar os resultados dos cuidados de saúde. Um dos conceitos fundamentais da ciência dos dados nos cuidados de saúde é a recolha e gestão de dados. Trata-se da recolha, armazenamento e processamento sistemáticos de dados de cuidados de saúde para garantir a sua exatidão, fiabilidade e acessibilidade. A recolha e a gestão eficazes de dados são essenciais para gerar dados de alta qualidade que podem ser utilizados para informar a tomada de decisões médicas e impulsionar a inovação nos cuidados de saúde.

2.1 Noções básicas de ciência de dados

A ciência dos dados é um domínio multifacetado que engloba uma vasta gama de conceitos e técnicas destinados a extrair informações e conhecimentos dos dados. Na sua essência, a ciência dos dados envolve a recolha, limpeza, análise e interpretação de dados para informar a tomada de decisões e resolver problemas complexos. Um dos conceitos fundamentais da ciência dos dados são os próprios dados, que podem apresentar-se sob várias formas, incluindo dados estruturados, não estruturados e semi-estruturados. Os dados estruturados são organizados em categorias ou colunas predefinidas, como uma tabela de base de dados, o que facilita a sua análise através de métodos estatísticos tradicionais. Os dados não estruturados, por outro lado, não têm uma estrutura predefinida e incluem texto, imagens e vídeos, exigindo técnicas mais avançadas, como o processamento de linguagem natural (PNL) e a visão computacional para análise. Os dados semi-estruturados situam-se algures no meio, com algumas propriedades organizacionais mas não tão rígidas como os dados estruturados [9].

Outro conceito fundamental na ciência dos dados é a limpeza de dados, também conhecida como pré-processamento ou tratamento de dados. Os dados em bruto contêm frequentemente erros, valores em falta e inconsistências que têm de ser resolvidos antes da análise. A limpeza de dados envolve tarefas como a remoção de duplicados, o preenchimento de valores em falta e a normalização de formatos para garantir que os dados são exactos e fiáveis. Sem uma limpeza de dados adequada, os resultados da análise de dados podem ser distorcidos ou imprecisos, levando a conclusões incorrectas (figura 2) [2].

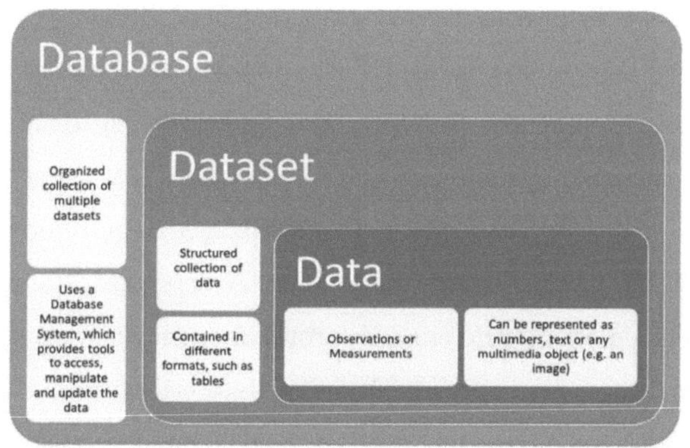

Figura 2: Diferentes camadas de aquisição de dados

Depois de os dados serem limpos, o passo seguinte no processo de ciência de dados é a análise exploratória de dados (AED). A AED envolve a análise e a visualização dos dados para compreender os seus padrões, tendências e relações subjacentes. Isto ajuda os cientistas de dados a obter informações sobre os dados e a identificar potenciais variáveis que podem ser relevantes para a análise [10]. A visualização desempenha um papel crucial na AED, uma vez que permite a exploração de dados através de tabelas, gráficos e outras representações visuais. As técnicas comuns de AED incluem histogramas, gráficos de dispersão e gráficos de caixa, que podem revelar distribuições, correlações e valores atípicos nos dados. A análise estatística é outro conceito fundamental na ciência dos dados, uma vez que fornece a estrutura para fazer inferências e previsões com base nos dados. Métodos estatísticos como o teste de hipóteses, a análise de regressão e o agrupamento são utilizados para analisar dados e tirar conclusões.

O teste de hipóteses, por exemplo, é utilizado para determinar se existe uma diferença significativa entre dois ou mais grupos, enquanto a análise de regressão é utilizada para modelar a relação entre variáveis. As técnicas de agrupamento, como o agrupamento k-means, são utilizadas para agrupar pontos de dados semelhantes com base nas suas características. A aprendizagem automática é um subconjunto da inteligência artificial (IA) que desempenha um papel crucial na ciência dos dados. Os algoritmos de aprendizagem automática utilizam dados para aprender padrões e fazer previsões ou tomar decisões sem serem explicitamente programados. A aprendizagem supervisionada, a aprendizagem não supervisionada e a aprendizagem por reforço são os três principais tipos de aprendizagem automática. A aprendizagem supervisionada envolve o treino de um modelo em dados rotulados, em que o resultado correto é conhecido, para fazer previsões em dados novos e não vistos. A aprendizagem não supervisionada envolve o treino de um modelo em dados não rotulados para descobrir padrões ou estruturas ocultas nos dados. A aprendizagem por reforço envolve o treino de um modelo para tomar sequências de decisões num ambiente para maximizar uma recompensa. A visualização de dados é outro conceito importante na ciência dos dados, uma vez que permite a comunicação de dados e conhecimentos complexos de uma forma clara e compreensível. As técnicas de visualização de dados, como tabelas, gráficos e mapas, são utilizadas para apresentar os dados visualmente, facilitando a sua interpretação e compreensão pelas partes interessadas. Uma visualização de dados eficaz pode ajudar a descobrir tendências, padrões e valores atípicos nos dados que podem não ser evidentes apenas com base nos dados brutos. Grandes volumes de dados é um termo utilizado para descrever conjuntos de dados grandes e complexos que não podem ser facilmente processados utilizando técnicas tradicionais de processamento de dados. Os grandes volumes de dados envolvem frequentemente grandes volumes de dados, fluxos de dados a alta velocidade e uma variedade de tipos de dados. As tecnologias de grandes volumes de dados, como o Hadoop e o Spark, são utilizadas para processar, armazenar e analisar grandes conjuntos de dados, permitindo às organizações extrair informações valiosas dos seus dados [11]. As considerações éticas são também um aspeto crítico da ciência dos dados, uma vez que este domínio lida com dados sensíveis que podem ter impacto nos indivíduos e na sociedade. A ética dos dados envolve a garantia de que os dados são recolhidos, processados e utilizados de forma responsável e ética. Isto inclui proteger a privacidade, evitar preconceitos e garantir a transparência nas práticas de dados.

2.2 Introdução aos dados relativos aos cuidados de saúde

Os dados dos cuidados de saúde são uma componente crucial do sector dos cuidados de saúde, fornecendo informações valiosas sobre os cuidados prestados aos doentes, os resultados dos tratamentos e o desempenho geral do sistema de cuidados de saúde. Os dados dos cuidados de saúde assumem várias formas, incluindo registos de saúde dos doentes, dados de imagiologia médica, dados de ensaios clínicos e dados de pedidos de indemnização de seguros de saúde. Estes dados são utilizados por prestadores de cuidados de saúde, investigadores, decisores políticos e outras partes interessadas para melhorar os resultados dos doentes, simplificar a prestação de cuidados de saúde e fazer avançar os conhecimentos médicos. Um dos principais tipos de dados de cuidados de saúde são os registos de saúde electrónicos (EHR), que contêm informações completas sobre o historial médico, os diagnósticos, os medicamentos, as alergias e os planos de tratamento de um doente. Os EHRs são normalmente armazenados em formato digital e podem ser acedidos e partilhados de forma segura por prestadores de cuidados de saúde autorizados. Os registos médicos electrónicos são valiosos para fornecer uma imagem completa do estado de saúde e do historial médico de um paciente, permitindo que os prestadores de cuidados de saúde tomem decisões informadas sobre os cuidados a prestar ao paciente [12].

Outro tipo importante de dados de cuidados de saúde são os dados de imagiologia médica, que incluem imagens como raios X, ressonâncias magnéticas e tomografias computorizadas. Os dados de imagiologia médica são utilizados para diagnosticar e monitorizar uma vasta gama de condições médicas, desde ossos partidos a cancro. Os avanços na tecnologia de imagiologia levaram ao desenvolvimento de técnicas de imagiologia sofisticadas, como a imagiologia 3D e a imagiologia funcional, que fornecem informações pormenorizadas sobre a estrutura e a função do corpo. Os dados de ensaios clínicos são outro tipo crítico de dados de cuidados de saúde, utilizados para avaliar a segurança e a eficácia de novos medicamentos, dispositivos médicos e protocolos de tratamento. Os ensaios clínicos recolhem dados de participantes que se voluntariaram para participar no estudo, e estes dados são utilizados para avaliar os efeitos da intervenção que está a ser estudada [13]. Os dados dos ensaios clínicos estão sujeitos a requisitos regulamentares rigorosos para garantir a segurança dos doentes e a integridade dos dados. Os dados relativos aos pedidos de indemnização dos seguros de saúde são outro tipo importante de dados sobre os cuidados de saúde, fornecendo informações sobre os serviços prestados aos doentes e os pagamentos correspondentes. Os dados dos pedidos de indemnização dos seguros de saúde são utilizados pelas companhias de seguros para processar os pedidos, determinar a cobertura e analisar os custos dos cuidados de saúde e os padrões de utilização. Estes dados são também utilizados por decisores políticos e investigadores para avaliar a eficácia das políticas e programas de cuidados de saúde. Para além destes tipos de dados sobre cuidados de saúde, existe também um interesse crescente na utilização de outras fontes de dados, tais como dispositivos portáteis, redes sociais e dados genéticos, para melhorar os resultados dos cuidados de saúde. Os dispositivos portáteis, como os rastreadores de fitness e os smartwatches, podem fornecer dados em tempo real sobre a saúde e o comportamento de um paciente, que podem ser utilizados para monitorizar doenças crónicas e promover estilos de vida saudáveis. Os dados das redes sociais podem fornecer informações sobre tendências e sentimentos em matéria de saúde pública, que podem ser utilizadas para informar as intervenções de saúde pública. Os dados genéticos, obtidos através de testes genéticos, podem fornecer informações valiosas sobre o risco de um doente desenvolver determinadas doenças e orientar planos de tratamento personalizados.

2.3 Recolha, armazenamento e processamento de dados nos cuidados de saúde

A recolha, o armazenamento e o processamento de dados nos cuidados de saúde são componentes essenciais dos sistemas de saúde modernos, permitindo que os prestadores de cuidados de saúde prestem cuidados de elevada qualidade, que os investigadores realizem estudos significativos e que os decisores políticos tomem decisões informadas. A recolha de dados nos cuidados de saúde envolve a recolha de informações de várias fontes, incluindo doentes, prestadores de cuidados de saúde, dispositivos médicos e sistemas administrativos. Estes dados podem incluir dados demográficos dos doentes, historial médico, planos de tratamento, resultados de testes e informações de faturação. Os métodos de recolha de dados podem variar consoante a fonte e a finalidade dos dados, desde a introdução manual pelos prestadores de cuidados de saúde até à captura automatizada por sistemas de registos de saúde electrónicos (EHR). Uma vez recolhidos, os dados dos cuidados de saúde têm de ser armazenados de forma segura para proteger a privacidade dos doentes e cumprir regulamentos como o Health Insurance Portability and Accountability Act (HIPAA). Os sistemas de armazenamento de dados dos cuidados de saúde têm de ser capazes de lidar com grandes volumes de dados, garantir a integridade e disponibilidade dos dados e fornecer mecanismos para a partilha de dados e controlo de acesso. As soluções de armazenamento comuns no sector da saúde incluem servidores locais, armazenamento baseado na nuvem e soluções híbridas que combinam ambos.

Na investigação clínica, as variáveis dividem-se normalmente em vários domínios. Estas incluem dados demográficos, estatuto socioeconómico, atributos físicos e bioquímicos, diagnósticos clínicos, resultados de testes, planos e locais de tratamento, contextos de cuidados de saúde, custos e utilização de recursos, calendário e outras variáveis explicativas (Figura 1)[1].

O processamento de dados nos cuidados de saúde envolve a análise e interpretação dos dados recolhidos para extrair conhecimentos e informações significativos. Isto pode incluir a identificação de tendências, padrões e correlações nos dados, bem como a realização de análises estatísticas para avaliar a eficácia dos tratamentos ou intervenções. O processamento de dados nos cuidados de saúde requer frequentemente software e ferramentas especializadas, como sistemas de registos de saúde electrónicos (EHR), plataformas de análise de dados e ferramentas de business intelligence. Estas ferramentas ajudam os prestadores de cuidados de saúde, os investigadores e os decisores políticos a tomar decisões informadas e a melhorar os resultados dos doentes.

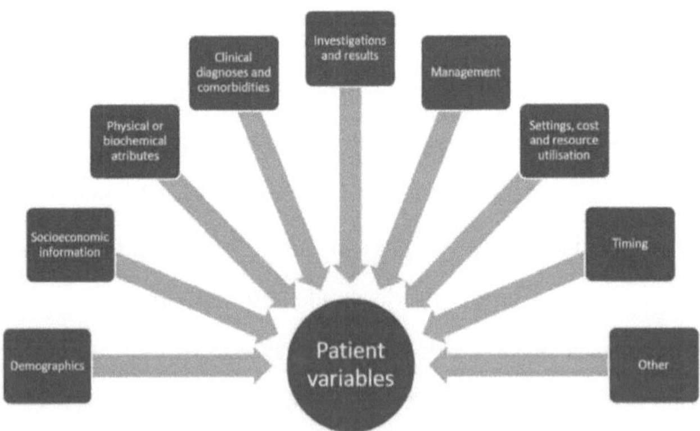

Figura 1: Fases da recolha e tratamento de dados

CAPÍTULO 3

APLICAÇÕES DA CIÊNCIA DOS DADOS NA SAÚDE MUNDIAL

A ciência dos dados surgiu como uma ferramenta poderosa no domínio da saúde global, oferecendo soluções inovadoras para desafios complexos no domínio dos cuidados de saúde em todo o mundo. Ao tirar partido de conjuntos de dados grandes e diversificados, a ciência dos dados pode ajudar a melhorar os resultados no domínio da saúde, reforçar os sistemas de saúde e informar as decisões políticas. Algumas das principais aplicações da ciência dos dados na saúde global incluem a vigilância de doenças, a deteção e resposta a surtos, a análise de comportamentos de saúde e a medicina personalizada. A vigilância de doenças é uma componente essencial da saúde pública, permitindo a monitorização e o rastreio de doenças para informar os esforços de prevenção e controlo. A ciência dos dados desempenha um papel fundamental na vigilância de doenças, analisando dados de várias fontes, como registos de saúde electrónicos, relatórios laboratoriais e redes sociais, para detetar e acompanhar surtos de doenças em tempo real. Por exemplo, as técnicas de ciência de dados podem ser utilizadas para analisar tendências em doenças semelhantes à gripe para prever e responder a surtos de gripe sazonal.

A deteção e resposta a surtos é outro domínio em que a ciência dos dados pode ter um impacto significativo na saúde mundial. Ao analisar dados de várias fontes, como instalações de cuidados de saúde, sensores ambientais e dados de telemóveis, a ciência dos dados pode ajudar a identificar ameaças emergentes para a saúde e facilitar os esforços de resposta rápida. Por exemplo, as técnicas da ciência dos dados podem ser utilizadas para analisar dados de telemóveis para seguir os movimentos da população durante um surto, o que pode ajudar a informar a distribuição de recursos e intervenções. A análise dos comportamentos em matéria de saúde é outra aplicação importante da ciência dos dados na saúde mundial. Ao analisar dados sobre comportamentos de saúde, como a dieta, a atividade física e o tabagismo, a ciência dos dados pode ajudar a identificar padrões e tendências que podem informar as campanhas e intervenções de saúde pública [14]. Por exemplo, as técnicas da ciência dos dados podem ser utilizadas para analisar os dados das redes sociais para compreender as percepções do público sobre as questões de saúde e adaptar as mensagens para promover comportamentos saudáveis. A medicina personalizada é um domínio emergente que tem por objetivo adaptar o tratamento médico às características individuais de cada doente. A ciência dos dados desempenha um papel crucial na medicina personalizada, analisando dados genéticos, clínicos e de estilo de vida para identificar os tratamentos mais eficazes para cada paciente. Por exemplo, as técnicas de ciência de dados podem ser utilizadas para analisar dados genéticos para prever a resposta de um paciente a um determinado medicamento, permitindo planos de tratamento personalizados. Para além destas aplicações, a ciência dos dados também está a ser utilizada para melhorar a prestação e o acesso aos cuidados de saúde em ambientes com recursos limitados. Por exemplo, as técnicas da ciência dos dados podem ser utilizadas para analisar dados sobre a utilização dos cuidados de saúde e os resultados dos doentes para identificar lacunas nos cuidados e informar o desenvolvimento de intervenções específicas. Do mesmo modo, a ciência dos dados pode ser utilizada para analisar dados sobre o desempenho dos prestadores de cuidados de saúde, a fim de identificar áreas a melhorar e reforçar a qualidade dos cuidados.

3.1 Estudos epidemiológicos com recurso à ciência dos dados

Os estudos epidemiológicos desempenham um papel crucial na saúde pública, investigando a distribuição e os factores determinantes da saúde e da doença nas populações. Estes estudos são essenciais para identificar factores de risco, compreender padrões de doença e informar intervenções de saúde pública. A ciência dos dados revolucionou os estudos epidemiológicos ao permitir a análise de conjuntos de dados grandes e complexos, permitindo aos investigadores descobrir tendências e padrões que anteriormente eram difíceis de detetar.

Uma das principais aplicações da ciência dos dados em estudos epidemiológicos é a análise de grandes volumes de dados. Os grandes volumes de dados referem-se a conjuntos de dados grandes e diversificados que são demasiado complexos para serem analisados utilizando métodos estatísticos tradicionais. Com o advento dos registos de saúde electrónicos (EHRs), das redes sociais e de outras fontes digitais, os epidemiologistas têm agora acesso a grandes quantidades de dados que podem ser utilizados para estudar padrões e tendências de doenças. As técnicas de ciência de dados, como a aprendizagem automática e o processamento de linguagem natural, podem ser utilizadas para analisar estes grandes conjuntos de dados e identificar padrões que podem não ser evidentes através dos métodos epidemiológicos tradicionais.

Outra aplicação importante da ciência dos dados em estudos epidemiológicos é a análise de dados espaciais e temporais. A epidemiologia espacial centra-se na distribuição geográfica das doenças, enquanto a epidemiologia temporal se centra nas tendências e padrões das doenças ao longo do tempo. As técnicas da ciência dos dados, como os sistemas de informação geográfica (SIG) e a análise de séries temporais, podem ser utilizadas para analisar dados espaciais e temporais para identificar pontos críticos de atividade da doença e acompanhar a progressão das doenças ao longo do tempo. A ciência dos dados também pode ser utilizada para realizar estudos epidemiológicos mais eficientes e económicos. Por exemplo, os estudos epidemiológicos tradicionais exigem frequentemente grandes dimensões de amostras e longos períodos de acompanhamento para detetar associações significativas entre factores de risco e doenças. As técnicas da ciência dos dados, como a extração de dados e a modelização por simulação, podem ser utilizadas para identificar potenciais factores de risco e simular os efeitos das intervenções, permitindo aos investigadores conceber estudos mais orientados e eficientes. Para além destas aplicações, a ciência dos dados também está a ser utilizada para melhorar a qualidade e a fiabilidade dos estudos epidemiológicos. Por exemplo, as técnicas da ciência dos dados, como a limpeza e a validação de dados, podem ser utilizadas para garantir a exatidão e a exaustividade dos dados. A ciência dos dados também pode ajudar os investigadores a identificar e a corrigir enviesamentos nos seus estudos, garantindo que os resultados são válidos e fiáveis.

3.2 Vigilância de doenças e previsão de surtos

A vigilância das doenças e a previsão de surtos são componentes essenciais dos sistemas de saúde pública em todo o mundo, com o objetivo de detetar, monitorizar e responder a doenças infecciosas e outras ameaças para a saúde. A vigilância de doenças envolve a recolha, análise e interpretação sistemáticas de dados de saúde para identificar padrões e tendências na ocorrência de doenças. Esta informação é utilizada para informar as acções de saúde pública, tais como a implementação de medidas de controlo, a atribuição de recursos e a orientação das políticas de saúde pública. A previsão de surtos, por outro lado, envolve a utilização de modelos estatísticos e matemáticos para prever a probabilidade e a propagação de surtos de doenças. Ao identificar áreas e populações de alto risco, a previsão de surtos pode ajudar as autoridades de saúde pública a intervir precocemente para prevenir ou atenuar o impacto dos surtos. Uma das principais ferramentas utilizadas na vigilância de doenças e na previsão de surtos é a vigilância epidemiológica, que envolve a monitorização de doenças específicas ou de indicadores de saúde ao longo do tempo. A vigilância epidemiológica pode ser passiva, em que as unidades de saúde notificam casos às autoridades de saúde pública, ou ativa, em que os profissionais de saúde pública procuram ativamente casos na comunidade. Nos últimos anos, os avanços na tecnologia e na ciência dos dados transformaram a vigilância de doenças, permitindo a utilização de dados em tempo real de diversas fontes, como registos de saúde electrónicos, redes sociais e dados de telemóveis, para detetar e responder a surtos de forma mais rápida e eficaz.

Um exemplo da aplicação da ciência dos dados na vigilância de doenças é a utilização da vigilância sindrómica, que envolve a monitorização de indicadores de saúde não específicos, como febre ou sintomas respiratórios, para detetar sinais de alerta precoce de surtos. A vigilância sindrómica utiliza algoritmos estatísticos para analisar dados de várias fontes, como visitas a serviços de urgência, registos de absentismo escolar e vendas em farmácias, para identificar padrões invulgares que possam indicar um surto. Ao detetar precocemente os surtos, a vigilância sindrómica pode ajudar as autoridades de saúde pública a implementar medidas de controlo, como o isolamento e a quarentena, para evitar a propagação da doença. Outro exemplo da aplicação da ciência dos dados na vigilância de doenças é a utilização da vigilância digital de doenças, que envolve a utilização de fontes de dados digitais, como as redes sociais, pesquisas na Internet e dados de telemóveis, para monitorizar a atividade das doenças. A vigilância digital de doenças utiliza o processamento de linguagem natural e algoritmos de aprendizagem automática para analisar dados não estruturados destas fontes e identificar tendências e padrões que possam indicar um surto. Ao complementar os métodos de vigilância tradicionais, a vigilância digital de doenças pode fornecer informações atempadas e geograficamente específicas sobre a atividade da doença, ajudando as autoridades de saúde pública a responder mais eficazmente aos surtos [15].

Para além da vigilância, a ciência dos dados também está a ser utilizada para prever surtos de doenças. Os modelos matemáticos e estatísticos, como os modelos compartimentais e os modelos de aprendizagem automática, podem ser utilizados para prever a probabilidade e a propagação de surtos de doenças com base em factores como a densidade populacional, os padrões de mobilidade e as condições ambientais. Estes modelos podem ajudar as autoridades de saúde pública a antecipar e a preparar-se para surtos, a afetar recursos de forma mais eficaz e a aplicar medidas de controlo específicas para reduzir o impacto dos surtos.

3.3 Otimização e afetação de recursos nos cuidados de saúde

A afetação e otimização dos recursos dos cuidados de saúde são aspectos críticos da gestão dos cuidados de saúde, com o objetivo de garantir que os recursos dos cuidados de saúde, tais como pessoal, instalações, equipamento e finanças, são utilizados de forma eficiente e eficaz para satisfazer as necessidades de cuidados de saúde da população. A atribuição de recursos de cuidados de saúde implica determinar a distribuição óptima dos recursos com base em factores como a demografia da população, o peso das doenças e as infra-estruturas de cuidados de saúde. Este processo exige um planeamento e uma coordenação cuidadosos para garantir que os recursos são atribuídos de forma a maximizar os resultados em termos de saúde e a minimizar o desperdício. Um dos principais desafios na afetação dos recursos de saúde é a distribuição desigual dos recursos de saúde, tanto dentro dos países como entre eles. Em muitas partes do mundo, existe uma disparidade significativa no acesso aos serviços de saúde, com as zonas rurais e mal servidas a carecerem frequentemente de acesso a instalações e prestadores de cuidados de saúde básicos. A ciência dos dados pode ajudar a enfrentar este desafio, analisando os dados relativos aos cuidados de saúde para identificar as áreas com maior necessidade de recursos e desenvolver estratégias para os afetar de forma mais equitativa. A ciência dos dados pode também ajudar a otimizar a afetação dos recursos de cuidados de saúde, prevendo as necessidades futuras de cuidados de saúde com base nas tendências e padrões actuais. Ao analisar os dados relativos aos cuidados de saúde, como a demografia dos doentes, a prevalência de doenças e as taxas de utilização dos cuidados de saúde, a ciência dos dados pode ajudar a prever a procura de serviços de saúde e a identificar as áreas onde poderão ser necessários recursos adicionais. Esta informação pode ajudar os prestadores de cuidados de saúde e os decisores políticos a afetar recursos de forma mais eficaz para satisfazer as necessidades da população [16]. Outro aspeto importante da afetação de recursos aos cuidados de saúde é a otimização da utilização dos recursos existentes para melhorar a eficiência e reduzir os custos. A ciência dos dados pode ajudar a identificar oportunidades para racionalizar os processos de cuidados de saúde, reduzir o desperdício e melhorar os resultados para os doentes. Por exemplo, as técnicas da ciência dos dados, como a extração de processos e a modelação de simulações, podem ser utilizadas para analisar os fluxos de trabalho dos cuidados de saúde e identificar estrangulamentos ou ineficiências que podem ser resolvidos para melhorar a eficiência global da prestação de cuidados de saúde.

Para além da atribuição de recursos, a ciência dos dados também pode ajudar a otimizar a utilização dos recursos de cuidados de saúde, melhorando a programação dos doentes, a gestão das camas e o planeamento dos recursos. Ao analisar os dados dos doentes, como as horas das consultas, a duração da estadia e os resultados dos tratamentos, a ciência dos dados pode ajudar os prestadores de cuidados de saúde a otimizar o fluxo de doentes e a reduzir os tempos de espera, o que conduz a melhores experiências para os doentes e a melhores resultados.

3.4 Medicina de precisão e cuidados de saúde personalizados

A medicina de precisão e os cuidados de saúde personalizados são abordagens transformadoras dos cuidados de saúde que visam adaptar o tratamento médico às características individuais de cada doente. A medicina de precisão envolve a utilização de factores genéticos, ambientais e de estilo de vida para determinar o tratamento mais eficaz para cada doente, enquanto os cuidados de saúde personalizados se centram na prestação de cuidados adaptados às necessidades e preferências específicas de cada doente. Estas abordagens têm o potencial de revolucionar os cuidados de saúde, melhorando os resultados dos tratamentos, reduzindo os efeitos secundários e melhorando a experiência global do doente [17].

Um dos principais componentes da medicina de precisão e dos cuidados de saúde personalizados é a utilização de informações genéticas para orientar as decisões de tratamento. Os avanços na genómica tornaram possível sequenciar todo o genoma de um indivíduo, permitindo aos prestadores de cuidados de saúde identificar variações genéticas que podem influenciar a resposta de um doente ao tratamento. Ao analisar estas variações genéticas, os prestadores de cuidados de saúde podem determinar o tratamento mais eficaz para cada doente, reduzindo a probabilidade de reacções adversas e melhorando os resultados do tratamento. Para além da informação genética, a medicina de precisão e os cuidados de saúde personalizados também têm em conta factores ambientais e de estilo de vida que podem influenciar a saúde de um doente e a resposta ao tratamento. Ao considerar estes factores, os prestadores de cuidados de saúde podem desenvolver planos de tratamento personalizados que respondam às necessidades únicas de cada doente, conduzindo a uma prestação de cuidados de saúde mais eficaz e eficiente. Um dos principais benefícios da medicina de precisão e dos cuidados de saúde personalizados é o potencial para reduzir os custos dos cuidados de saúde, evitando tratamentos e intervenções desnecessários. Ao adaptar os planos de tratamento às características individuais de cada doente, os prestadores de cuidados de saúde podem reduzir a probabilidade de reacções adversas e de falhas no tratamento, o que conduz a melhores resultados em termos de saúde e a custos de saúde mais baixos.

Outro benefício da medicina de precisão e dos cuidados de saúde personalizados é o potencial para melhorar os resultados e a qualidade de vida dos doentes. Ao prestar cuidados adaptados às necessidades e preferências específicas de cada doente, os prestadores de cuidados de saúde podem melhorar a adesão ao tratamento e a satisfação do doente, o que conduz a melhores resultados em termos de saúde e de qualidade de vida.

CAPÍTULO 4

APRENDIZAGEM PROFUNDA PARA A ANÁLISE DE DADOS RELATIVOS AOS CUIDADOS DE SAÚDE

A aprendizagem profunda surgiu como uma ferramenta poderosa no domínio da análise de dados de cuidados de saúde, oferecendo oportunidades sem precedentes para extrair informações valiosas de conjuntos de dados complexos e diversificados. Ao tirar partido das redes neuronais artificiais para aprender padrões e relações intrincados nos dados, os algoritmos de aprendizagem profunda têm o potencial de revolucionar os cuidados de saúde, melhorando os diagnósticos, os planos de tratamento personalizados e os resultados gerais dos doentes. Nesta introdução, exploramos o papel da aprendizagem profunda na análise de dados de cuidados de saúde, as suas aplicações, desafios e perspectivas futuras. O sector dos cuidados de saúde está a passar por uma profunda transformação, impulsionada pelo crescimento exponencial dos dados de cuidados de saúde. Os registos de saúde electrónicos, as imagens médicas, os dispositivos portáteis e os dados genómicos estão a gerar grandes quantidades de informação que são a chave para melhorar a prestação de cuidados de saúde e os resultados dos doentes. No entanto, o grande volume, a variedade e a complexidade dos dados de saúde apresentam desafios significativos para os métodos tradicionais de análise de dados. A aprendizagem profunda, com a sua capacidade de descobrir automaticamente padrões complexos em grandes conjuntos de dados, oferece uma solução promissora para estes desafios. Uma das principais áreas em que a aprendizagem profunda está a ter um impacto significativo é a análise de imagens médicas. A imagiologia médica, como os raios X, as tomografias computorizadas e as ressonâncias magnéticas, desempenha um papel crucial no diagnóstico e na monitorização de várias condições médicas. Os algoritmos de aprendizagem profunda, nomeadamente as redes neuronais convolucionais (CNN), têm demonstrado um desempenho notável em tarefas como a classificação de imagens, a segmentação e a deteção de anomalias. Por exemplo, as CNN têm sido utilizadas para detetar e classificar cancros da pele com uma precisão comparável ou mesmo superior à dos dermatologistas. Do mesmo modo, em radiologia, as CNN têm sido utilizadas para ajudar os radiologistas a detetar e diagnosticar doenças a partir de imagens médicas, o que conduz a uma maior precisão e eficiência do diagnóstico. Outra área em que a aprendizagem profunda está a ter um impacto significativo é a genómica e a medicina personalizada. O advento das tecnologias de sequenciação de alto rendimento permitiu a geração de grandes quantidades de dados genómicos, oferecendo conhecimentos sobre a base genética das doenças e o desenvolvimento de estratégias de tratamento personalizadas. Os algoritmos de aprendizagem profunda, como as redes neurais recorrentes (RNN) e as redes de memória de curto prazo (LSTM), têm sido utilizados para analisar sequências genómicas, identificar variantes genéticas associadas a doenças e prever a resposta dos pacientes a tratamentos específicos. Isto tem o potencial de revolucionar o campo da medicina, permitindo o desenvolvimento de planos de tratamento personalizados com base na constituição genética de um indivíduo. A aprendizagem profunda também está a ser cada vez mais utilizada em sistemas de apoio à decisão clínica, que ajudam os prestadores de cuidados de saúde a tomar decisões informadas sobre os cuidados a prestar aos doentes. Estes sistemas analisam os dados dos pacientes, incluindo registos médicos, resultados laboratoriais e estudos de imagem, para fornecer recomendações de diagnóstico, tratamento e prognóstico. Algoritmos de aprendizagem profunda, como redes de crenças profundas (DBNs) e autoencoders, têm sido utilizados para desenvolver sistemas de apoio à decisão clínica que podem melhorar a precisão do diagnóstico, reduzir erros e melhorar os resultados dos pacientes.

4.1 Fundamentos da aprendizagem profunda

A aprendizagem profunda, um subcampo da aprendizagem automática inspirado na estrutura e função do cérebro, revolucionou o domínio da inteligência artificial (IA) nos últimos anos. Na sua essência, a aprendizagem profunda envolve a utilização de redes neurais artificiais para aprender com grandes quantidades de dados e fazer previsões ou tomar decisões. Este capítulo fornece uma visão geral dos fundamentos da aprendizagem profunda, incluindo os conceitos básicos, os componentes principais e as arquitecturas populares utilizadas na aprendizagem profunda. No centro da aprendizagem profunda estão as redes neurais artificiais, que são modelos computacionais inspirados nas redes neurais biológicas do cérebro. Estas redes são compostas por nós interligados, ou neurónios, organizados em camadas. A arquitetura mais básica das redes neuronais é a rede neuronal feedforward, em que os dados fluem da camada de entrada através de uma ou mais camadas ocultas para a camada de saída. Cada neurónio de uma rede neuronal está associado a um peso, que determina a força da ligação entre os neurónios. Durante o processo de treinamento, a rede ajusta esses pesos com base nos dados de entrada e na saída desejada, um processo conhecido como retropropagação.

Vários componentes-chave são essenciais para entender e implementar modelos de aprendizagem profunda. As funções de ativação, como as funções sigmoide, tanh e ReLU (Unidade Linear Rectificada), introduzem a não linearidade na rede neuronal, permitindo-lhe aprender padrões complexos nos dados. As funções de perda são utilizadas para quantificar a diferença entre a saída prevista da rede neural e a saída real, orientando o processo de formação. Os algoritmos de otimização, como o gradiente descendente estocástico (SGD) e o Adam, são utilizados para atualizar os pesos da rede neuronal durante o treino, minimizando a função de perda e melhorando o desempenho da rede. As técnicas de regularização, como o dropout e a regularização L1/L2, são utilizadas para evitar o sobreajuste, em que o modelo tem um bom desempenho nos dados de treino, mas não consegue generalizar para dados novos e não vistos.

A aprendizagem profunda, um subcampo da aprendizagem automática inspirado na estrutura e função do cérebro, revolucionou o domínio da inteligência artificial (IA) nos últimos anos. Na sua essência, a aprendizagem profunda envolve a utilização de redes neurais artificiais para aprender com grandes quantidades de dados e fazer previsões ou tomar decisões. Este capítulo fornece uma visão geral dos fundamentos da aprendizagem profunda, incluindo os conceitos básicos, os componentes principais e as arquitecturas populares utilizadas na aprendizagem profunda. No centro da aprendizagem profunda estão as redes neurais artificiais, que são modelos computacionais inspirados nas redes neurais biológicas do cérebro. Estas redes são compostas por nós interligados, ou neurónios, organizados em camadas. A arquitetura mais básica das redes neuronais é a rede neuronal feedforward, em que os dados fluem da camada de entrada através de uma ou mais camadas ocultas para a camada de saída. Cada neurónio de uma rede neuronal está associado a um peso, que determina a força da ligação entre os neurónios. Durante o processo de treinamento, a rede ajusta esses pesos com base nos dados de entrada e na saída desejada, um processo conhecido como retropropagação. Vários componentes-chave são essenciais para compreender e implementar modelos de aprendizagem profunda. As funções de ativação, como as funções sigmoide, tanh e ReLU (Unidade Linear Rectificada), introduzem a não linearidade na rede neuronal, permitindo-lhe aprender padrões complexos nos dados. As funções de perda são utilizadas para quantificar a diferença entre a saída prevista da rede neural e a saída real, orientando o processo de formação. Os algoritmos de otimização, como o gradiente descendente estocástico (SGD) e o Adam, são utilizados para atualizar os pesos da rede neuronal durante o treino, minimizando a função de perda e melhorando o desempenho da rede. As técnicas de regularização, como o dropout e a regularização L1/L2, são utilizadas para evitar o sobreajuste, em que o modelo tem um bom desempenho nos dados de treino, mas não consegue generalizar para dados novos e não vistos.

Foram desenvolvidas várias arquitecturas populares de aprendizagem profunda, cada uma com as suas características e aplicações únicas. As Redes Neuronais Convolucionais (CNN) são normalmente utilizadas para tarefas de reconhecimento de imagem e visão computacional, tirando partido da estrutura espacial das imagens para aprender características hierárquicas. As Redes Neuronais Recorrentes (RNN) são adequadas para dados sequenciais, como texto e fala, devido à sua capacidade de captar dependências temporais. As redes de memória de curto prazo longa (LSTM), uma variante das RNN, foram concebidas para ultrapassar o problema do gradiente decrescente e são amplamente utilizadas em tarefas de processamento de linguagem natural (PNL). As redes adversariais generativas (GAN) são uma classe de redes neuronais utilizadas para gerar novas amostras de dados, como imagens, treinando duas redes num ambiente competitivo.

4.2 Aplicações de aprendizagem profunda em imagiologia médica e genómica

A aprendizagem profunda surgiu como uma tecnologia transformadora no domínio da imagiologia médica, oferecendo avanços notáveis na análise, interpretação e diagnóstico de imagens. Uma das principais aplicações da aprendizagem profunda na imagiologia médica é no domínio da radiologia, onde tem demonstrado um sucesso notável em tarefas como a segmentação de imagens, a deteção de lesões e a classificação de doenças. As Redes Neuronais Convolucionais (CNN), uma classe de modelos de aprendizagem profunda, têm sido particularmente eficazes no processamento de imagens médicas devido à sua capacidade de aprender características hierárquicas diretamente a partir dos dados. Por exemplo, na deteção de retinopatia diabética a partir de imagens da retina, as CNN apresentaram um desempenho comparável ao de especialistas humanos. Do mesmo modo, no domínio da oncologia, as CNN têm sido utilizadas para analisar imagens médicas, como mamografias e exames de ressonância magnética, para detetar e classificar tumores, o que conduz a diagnósticos mais precoces e mais precisos. Para além da imagiologia médica, a aprendizagem profunda está também a revolucionar o domínio da genómica, onde está a ser utilizada para analisar e interpretar dados genómicos a uma escala sem precedentes. Os dados genómicos, que consistem na sequência de nucleótidos no ADN de um indivíduo, contêm informações valiosas sobre a composição genética de um indivíduo e a sua suscetibilidade a doenças. Os algoritmos de aprendizagem profunda, como as redes neuronais recorrentes (RNN) e as redes de memória de curto prazo (LSTM), têm sido utilizados para analisar sequências genómicas, identificar variantes genéticas associadas a doenças e prever a resposta dos pacientes a tratamentos específicos. Por exemplo, os modelos de aprendizagem profunda têm sido utilizados para prever o risco de desenvolver doenças como o cancro e a diabetes com base no perfil genético de um indivíduo, permitindo medidas preventivas e planos de tratamento personalizados. Uma das principais vantagens da aprendizagem profunda na imagiologia médica e na genómica é a sua capacidade de aprender padrões e relações complexas diretamente a partir dos dados, sem necessidade de extração manual de características. Isto é particularmente benéfico na imagiologia médica, onde as imagens podem conter uma grande quantidade de informação que pode ser difícil de interpretar por especialistas humanos. Ao aprender com um grande número de imagens anotadas, os modelos de aprendizagem profunda podem identificar automaticamente padrões e características subtis que podem ser indicativos de uma determinada doença ou condição, levando a diagnósticos mais precisos e eficientes. Apesar da sua promessa, a aprendizagem profunda na imagiologia médica e na genómica também enfrenta vários desafios. Um dos principais desafios é a necessidade de conjuntos de dados grandes e diversificados para treinar modelos de aprendizagem profunda. Os conjuntos de dados de imagiologia médica anotados são frequentemente limitados em tamanho e podem ser difíceis de obter devido a questões de privacidade e regulamentares. Do mesmo modo, os conjuntos de dados genómicos podem ser esparsos e ruidosos, exigindo um pré-processamento e uma normalização cuidadosos antes de serem utilizados para treino. Além disso, os modelos de aprendizagem profunda nos cuidados de saúde devem ser rigorosamente avaliados e validados para garantir a sua segurança, fiabilidade e generalização em diversas populações e modalidades de imagiologia.

4.3 Considerações éticas sobre a aprendizagem profunda no domínio da saúde

As considerações éticas na aplicação da aprendizagem profunda nos cuidados de saúde são fundamentais, dado o potencial impacto nos cuidados aos doentes, na privacidade e na confiança no sistema de saúde. À medida que os modelos de aprendizagem profunda se tornam cada vez mais prevalecentes na imagiologia médica, na genómica e no apoio à decisão clínica, é essencial abordar as questões éticas para garantir que estas tecnologias são implementadas de forma responsável e ética. Uma das principais considerações éticas na aprendizagem profunda para a saúde é a necessidade de transparência e interpretabilidade. Os modelos de aprendizagem profunda são frequentemente considerados "caixas negras", o que dificulta a compreensão da forma como chegam às suas decisões. Nos cuidados de saúde, onde as decisões podem ter consequências que alteram a vida, é crucial garantir que o raciocínio subjacente às decisões de um modelo seja transparente e compreensível para os médicos e os doentes. Os esforços para desenvolver técnicas de IA explicáveis para modelos de aprendizagem profunda são essenciais para resolver esta questão, permitindo que os médicos confiem nas decisões tomadas por estes modelos e que os doentes compreendam a base do seu diagnóstico e tratamento. Outra consideração ética fundamental na aprendizagem profunda para a saúde é a necessidade de proteger a privacidade dos doentes e a segurança dos dados. Os dados de cuidados de saúde, que muitas vezes contêm informações sensíveis e pessoais, devem ser tratados com o máximo cuidado para evitar o acesso, a utilização ou a divulgação não autorizados. Os modelos de aprendizagem profunda treinados em dados de cuidados de saúde devem cumprir os regulamentos de privacidade, como a Lei de Portabilidade e Responsabilidade dos Seguros de Saúde (HIPAA) nos Estados Unidos, que estabelece normas rigorosas para a proteção dos dados dos doentes. Além disso, os esforços para desenvolver técnicas de preservação da privacidade para a aprendizagem profunda, como a aprendizagem federada e a privacidade diferencial, são essenciais para garantir que os dados dos doentes permanecem seguros e confidenciais. O enviesamento e a equidade são também considerações éticas importantes na aprendizagem profunda para a saúde. Os modelos de aprendizagem profunda são susceptíveis de serem enviesados, o que pode resultar em resultados injustos ou discriminatórios, em especial nos cuidados de saúde, onde as decisões podem ter impacto na saúde e no bem-estar dos indivíduos. O viés pode surgir de várias fontes, incluindo dados de treinamento tendenciosos, algoritmos tendenciosos ou interpretação tendenciosa dos resultados. A abordagem do enviesamento na aprendizagem profunda para a saúde requer uma atenção cuidadosa aos dados utilizados para treinar modelos, bem como o desenvolvimento de algoritmos que sejam robustos ao enviesamento e à discriminação. Além disso, os esforços para garantir a diversidade e a inclusão na recolha de dados de cuidados de saúde e no desenvolvimento de modelos são essenciais para evitar preconceitos e promover a equidade nas aplicações de aprendizagem profunda. Por último, as implicações éticas da utilização da aprendizagem profunda nos cuidados de saúde vão além das considerações técnicas e têm um impacto social mais alargado. A adoção generalizada da aprendizagem profunda nos cuidados de saúde tem o potencial de exacerbar as disparidades existentes no acesso aos cuidados de saúde e nos resultados de saúde. Por exemplo, se os modelos de aprendizagem profunda forem treinados principalmente em dados de populações privilegiadas, podem não se generalizar bem para populações carentes, levando a disparidades no diagnóstico e no tratamento. A resolução destas disparidades exige um esforço concertado para garantir que os modelos de aprendizagem profunda são treinados em conjuntos de dados diversificados e representativos e que os benefícios destas tecnologias são distribuídos de forma equitativa por todas as populações.

CAPÍTULO 5

DESAFIOS E CONSIDERAÇÕES ÉTICAS

A utilização da ciência dos dados nos cuidados de saúde oferece um enorme potencial para melhorar os resultados dos doentes, simplificar as operações e fazer avançar a investigação médica. No entanto, este facto traz consigo o seu próprio conjunto de desafios e considerações éticas que devem ser cuidadosamente abordados para garantir a utilização responsável e ética dos dados nos cuidados de saúde.

Um dos principais desafios da utilização da ciência dos dados nos cuidados de saúde é a qualidade e a interoperabilidade dos dados. Os dados relativos aos cuidados de saúde estão frequentemente fragmentados, armazenados em diferentes formatos e espalhados por vários sistemas, o que dificulta a sua agregação e análise eficaz. Garantir a qualidade e a interoperabilidade dos dados é essencial para uma análise exacta e para a tomada de decisões nos cuidados de saúde. Outro desafio é a privacidade e a segurança. Os dados relativos aos cuidados de saúde são altamente sensíveis e contêm informações pessoais sobre os doentes. Garantir a privacidade e a segurança destes dados é crucial para manter a confiança dos doentes e cumprir regulamentos como o HIPAA (Health Insurance Portability and Accountability Act) [18]. As violações de dados podem ter consequências graves, incluindo perdas financeiras e danos à reputação, o que realça a importância de medidas sólidas de segurança dos dados nos cuidados de saúde.

O enviesamento dos dados é outra consideração importante quando se utiliza a ciência dos dados nos cuidados de saúde. O enviesamento pode ser introduzido em várias fases do ciclo de vida dos dados, incluindo a recolha de dados, o pré-processamento e a análise. Os dados enviesados podem levar a conclusões e decisões incorrectas, podendo prejudicar os doentes e minar a credibilidade dos sistemas de saúde. As considerações éticas também desempenham um papel importante na utilização da ciência dos dados nos cuidados de saúde. Garantir que os dados são utilizados de forma ética e responsável exige uma análise cuidadosa de questões como o consentimento, a transparência e a equidade. Os doentes devem ser informados sobre a forma como os seus dados estão a ser utilizados e ter a oportunidade de consentir a sua utilização para fins de investigação ou outros. A transparência nos processos de recolha e análise de dados é também essencial para manter a confiança e a responsabilidade.

A equidade é outra consideração ética importante na ciência dos dados. Os algoritmos utilizados nos cuidados de saúde devem ser concebidos e implementados de forma a garantir um tratamento justo para todos os doentes, independentemente de factores como a raça, o sexo ou o estatuto socioeconómico. Garantir a equidade exige uma atenção cuidadosa à conceção e validação dos algoritmos para evitar preconceitos e discriminação.

5.1 Questões de privacidade e segurança dos dados

A privacidade e a segurança dos dados são fundamentais quando se utiliza a ciência dos dados nos cuidados de saúde, devido à natureza sensível dos dados dos cuidados de saúde. Os dados de cuidados de saúde incluem informações pessoais, como o historial médico, diagnósticos, tratamentos e informações genéticas, que devem ser protegidas contra o acesso, a utilização ou a divulgação não autorizados. A privacidade dos dados refere-se à proteção destas informações sensíveis contra o acesso ou a utilização por indivíduos ou entidades não autorizados, enquanto a segurança dos dados envolve as medidas tomadas para proteger os dados contra o acesso, a utilização ou a modificação não autorizados.

Um dos principais desafios para garantir a privacidade e a segurança dos dados no sector da saúde é o volume e a complexidade crescentes dos dados relativos aos cuidados de saúde. Com a adoção generalizada dos registos de saúde electrónicos (RSE) [16], dos dispositivos portáteis e de outras tecnologias de saúde digitais, a quantidade de dados gerados e recolhidos aumentou exponencialmente. Esta vasta quantidade de dados representa um desafio significativo em termos de segurança e proteção contra ciberameaças e violações de dados. Outro desafio é a variedade de fontes e formatos de dados no sector da saúde. Os dados relativos aos cuidados de saúde provêm de uma vasta gama de fontes, incluindo registos de saúde electrónicos, imagiologia médica, dispositivos portáteis e testes genéticos. Estes dados são frequentemente armazenados em diferentes formatos e sistemas, o que torna difícil garantir normas de segurança e privacidade coerentes em todas as fontes de dados.

A conformidade regulamentar é também uma grande preocupação na privacidade e segurança dos dados dos cuidados de saúde. Regulamentos como o Health Insurance Portability and Accountability Act (HIPAA) nos Estados Unidos e o General Data Protection Regulation (GDPR) na Europa impõem requisitos rigorosos às organizações de cuidados de saúde relativamente à recolha, armazenamento e partilha de dados dos doentes. Garantir a conformidade com estes regulamentos pode ser complexo e exigir muitos recursos das organizações de cuidados de saúde, em especial das que operam em várias jurisdições.

As violações de dados e os ciberataques são outra ameaça significativa à privacidade e segurança dos dados no sector da saúde. Os piratas informáticos e os cibercriminosos visam as organizações de cuidados de saúde para roubar informações sensíveis, como registos de doentes e dados financeiros, que podem ser utilizados para roubo de identidade, fraude ou outros fins maliciosos. Estes ataques podem ter consequências graves, incluindo perdas financeiras, danos à reputação e comprometimento dos cuidados prestados aos doentes. Para enfrentar estes desafios, as organizações de cuidados de saúde podem implementar uma série de melhores práticas de privacidade e segurança dos dados. Estas incluem:

a. Implementação de controlos de acesso rigorosos: Limitar o acesso a dados sensíveis apenas a pessoal autorizado e implementar a autenticação multi-fator para aceder a sistemas e dados sensíveis.

b. Encriptação de dados sensíveis: Encriptação de dados em trânsito e em repouso para os proteger de acesso não autorizado ou roubo.

c. Efetuar auditorias e avaliações regulares da segurança: Rever e avaliar regularmente os controlos e práticas de segurança para identificar e resolver vulnerabilidades e lacunas de conformidade.

d. Proporcionar programas regulares de formação e sensibilização: Educar os funcionários sobre as melhores práticas de privacidade e segurança de dados e a importância de proteger dados sensíveis.

e. Implementar políticas de minimização e retenção de dados: Recolher e reter apenas os dados necessários para uma finalidade específica e garantir que os dados são eliminados de forma segura quando já não são necessários.

5.2 Preconceito e equidade nos dados relativos aos cuidados de saúde

O enviesamento e a equidade nos dados relativos aos cuidados de saúde são questões críticas que podem ter implicações de grande alcance nos cuidados aos doentes, nos resultados dos tratamentos e na prestação de cuidados de saúde. O enviesamento refere-se a erros sistemáticos ou inexactidões nos dados que podem levar a tratamentos ou decisões injustas. Nos cuidados de saúde, o enviesamento pode surgir de várias fontes, tais como a forma como os dados são recolhidos, processados ou analisados. Por exemplo, o enviesamento pode ocorrer se determinadas populações estiverem sub-representadas nos dados, levando a conclusões incorrectas sobre as suas necessidades ou resultados em termos de saúde. O enviesamento pode também resultar da utilização de algoritmos ou modelos que não estejam corretamente calibrados ou validados, conduzindo a previsões ou recomendações enviesadas.

Garantir a equidade dos dados relativos aos cuidados de saúde é essencial para evitar preconceitos e promover uma prestação de cuidados de saúde equitativa. A equidade implica garantir que os dados e os algoritmos dos cuidados de saúde são imparciais e não discriminam qualquer grupo ou indivíduo. Para tal, é necessário considerar cuidadosamente as fontes de dados, as variáveis e as metodologias utilizadas na análise dos dados relativos aos cuidados de saúde, bem como o potencial impacto destes factores nas diferentes populações. A equidade nos dados dos cuidados de saúde é particularmente importante em áreas como a análise preditiva, em que os algoritmos são utilizados para tomar decisões sobre os cuidados dos doentes, a afetação de recursos e as opções de tratamento. Um dos principais desafios na abordagem do enviesamento e da equidade nos dados dos cuidados de saúde é a falta de diversidade nas fontes de dados dos cuidados de saúde. Os dados relativos aos cuidados de saúde são frequentemente recolhidos a partir de um conjunto limitado de fontes, como registos de saúde electrónicos (EHR) ou ensaios clínicos, que podem não representar a diversidade total da população. Este facto pode levar a conclusões e recomendações enviesadas que não têm em conta as necessidades e características únicas das diferentes populações. Para enfrentar este desafio, as organizações de cuidados de saúde podem trabalhar para melhorar a diversidade das suas fontes de dados e garantir que os esforços de recolha de dados são inclusivos e representativos de todas as populações.

Outro desafio é a utilização de algoritmos ou modelos tendenciosos na análise dos dados relativos aos cuidados de saúde. Os algoritmos podem, inadvertidamente, perpetuar os enviesamentos presentes nos dados, conduzindo a um tratamento ou resultados injustos para determinados grupos. Por exemplo, um algoritmo preditivo utilizado para identificar doentes de alto risco para gestão da doença pode ser tendencioso em relação a determinados grupos demográficos se os dados de treino utilizados para desenvolver o algoritmo não forem representativos da população. Para enfrentar este desafio, as organizações de cuidados de saúde podem implementar técnicas de deteção e atenuação de enviesamentos, tais como algoritmos de aprendizagem automática sensíveis à equidade, para identificar e corrigir enviesamentos nos seus dados e algoritmos.

5.3 Desafios regulamentares e jurídicos nos cuidados de saúde baseados em dados

Os desafios regulamentares e legais dos cuidados de saúde baseados em dados são complexos e multifacetados, resultando da necessidade de equilibrar os benefícios da utilização de dados para melhorar os cuidados e os resultados dos doentes com a necessidade de proteger a privacidade dos doentes e garantir a segurança dos dados. Um dos principais desafios regulamentares dos cuidados de saúde orientados para os dados é garantir a conformidade com a legislação e os regulamentos que regem a recolha, o armazenamento e a utilização de dados relativos aos cuidados de saúde. Em muitos países, os dados relativos aos cuidados de saúde estão sujeitos a regulamentos rigorosos, como a Lei da Portabilidade e Responsabilidade dos Seguros de Saúde (HIPAA) nos Estados Unidos e o Regulamento Geral sobre a Proteção de Dados (RGPD) na Europa, que impõem requisitos às organizações de cuidados de saúde no que respeita à recolha, armazenamento e partilha de dados dos doentes [19]. Garantir a conformidade com estes regulamentos pode ser um desafio, especialmente para as organizações de cuidados de saúde que operam em várias jurisdições, uma vez que podem estar sujeitas a diferentes requisitos legais e regulamentares. Outro desafio regulamentar nos cuidados de saúde orientados para os dados é a necessidade de garantir a segurança dos dados dos cuidados de saúde. Os dados dos cuidados de saúde são altamente sensíveis e confidenciais, e o seu acesso ou divulgação não autorizados podem ter consequências graves para a privacidade dos pacientes e para as organizações de cuidados de saúde. Regulamentos como o HIPAA exigem que as organizações de cuidados de saúde implementem medidas de segurança robustas para proteger os dados dos doentes, incluindo encriptação, controlos de acesso e auditorias de segurança regulares. Garantir a conformidade com estes requisitos pode ser dispendioso e exigir muitos recursos às organizações de cuidados de saúde, em especial aos prestadores mais pequenos com recursos limitados. Para além dos desafios regulamentares, existem também desafios legais nos cuidados de saúde orientados para os dados relacionados com a responsabilidade e a responsabilização. Por exemplo, se um prestador de cuidados de saúde utilizar dados para tomar uma decisão de tratamento que resulte em danos para um doente, quem é responsável por esses danos? Será o prestador de cuidados de saúde, o cientista de dados que desenvolveu o algoritmo ou a organização que recolheu os dados? Estas perguntas levantam questões jurídicas complexas que ainda não foram totalmente resolvidas, realçando a necessidade de quadros jurídicos claros para reger a utilização de dados nos cuidados de saúde. Outro desafio jurídico nos cuidados de saúde orientados para os dados é garantir o consentimento informado para a utilização dos dados dos doentes. Em muitos casos, os doentes podem não estar plenamente conscientes da forma como os seus dados estão a ser utilizados ou dos potenciais riscos associados à sua utilização. Garantir que os doentes sejam adequadamente informados e tenham a oportunidade de consentir a utilização dos seus dados é essencial para proteger os direitos dos doentes e assegurar práticas éticas em matéria de dados nos cuidados de saúde.

CAPÍTULO 6
ESTUDOS DE CASO

6.1 Vigilância e previsão de doenças

Nos últimos anos, a ciência dos dados tem desempenhado um papel cada vez mais importante na saúde mundial, nomeadamente na previsão e gestão de surtos de doenças. Um exemplo notável é a utilização de algoritmos de aprendizagem automática para prever a propagação da febre da dengue no Brasil. A dengue é uma infeção viral transmitida por mosquitos que é endémica em muitas partes do mundo, incluindo o Brasil, onde constitui um importante problema de saúde pública. A utilização da aprendizagem automática neste contexto realça o potencial da ciência dos dados para melhorar a vigilância das doenças e os esforços de resposta.

O Institute for Health Metrics and Evaluation (IHME) é um instituto de investigação que tem estado na vanguarda da utilização da ciência dos dados para melhorar os resultados da saúde global. Os investigadores do IHME desenvolveram um modelo que integra dados de várias fontes, incluindo padrões meteorológicos, redes sociais e registos de saúde, para prever a propagação da febre da dengue no Brasil. O modelo utiliza algoritmos de aprendizagem automática para analisar estas fontes de dados e identificar padrões que são indicativos de um surto iminente.

Uma das principais vantagens da utilização da aprendizagem automática neste contexto é a capacidade de analisar grandes volumes de dados de forma rápida e eficiente. Os métodos tradicionais de vigilância de doenças baseiam-se na recolha e análise manual de dados, o que pode ser moroso e exigir muitos recursos. Em contrapartida, os algoritmos de aprendizagem automática podem processar grandes conjuntos de dados em tempo real, permitindo que os funcionários da saúde pública identifiquem e respondam a surtos mais rapidamente.

O modelo desenvolvido pelo IHME é capaz de prever as áreas de maior risco de surto de dengue com base numa série de factores, incluindo condições meteorológicas, densidade populacional e dados de surtos anteriores. Ao analisar estas fontes de dados, o modelo pode identificar áreas onde o risco de dengue é mais elevado, permitindo aos funcionários da saúde pública afetar recursos e implementar medidas preventivas de forma mais eficaz.

Uma das principais conclusões da investigação é a importância dos padrões climáticos na previsão da propagação da febre da dengue. O modelo revelou que determinadas condições meteorológicas, como temperaturas e humidade elevadas, estavam associadas a um risco acrescido de surtos de dengue. Ao incorporar esta informação no seu modelo, os investigadores conseguiram melhorar a precisão das suas previsões e fornecer intervenções mais atempadas e direccionadas.

Outro fator importante para prever a propagação da febre da dengue é a utilização de dados das redes sociais. Os investigadores descobriram que a monitorização das publicações nas redes sociais relacionadas com a febre da dengue pode fornecer sinais de alerta precoce de um surto iminente. Ao analisar os dados das redes sociais, os investigadores conseguiram identificar tendências e padrões indicativos de um aumento dos casos de dengue, o que lhes permitiu reagir mais rapidamente.

6.2 Saúde pública de precisão

A saúde pública de precisão é um domínio em rápida evolução que utiliza a ciência dos dados para adaptar as intervenções de saúde pública às necessidades específicas de grupos individuais ou populacionais. Esta abordagem vai para além de uma estratégia de "tamanho único" para resolver as disparidades no domínio da saúde e melhorar os resultados neste domínio. Um exemplo convincente de saúde pública de precisão é o trabalho dos investigadores da Fundação Bill e Melinda Gates, que utilizaram dados dos Inquéritos Demográficos e de Saúde (DHS) para identificar grupos de crianças de alto risco na África Subsariana e implementar intervenções específicas para reduzir as taxas de mortalidade infantil. Os Inquéritos Demográficos e de Saúde (IDS) são inquéritos de grande escala realizados em mais de 90 países para recolher dados sobre uma vasta gama de indicadores de saúde, incluindo a mortalidade infantil, a saúde materna e o acesso a serviços de saúde. Estes inquéritos fornecem dados valiosos que podem ser utilizados para identificar os grupos populacionais que correm um risco elevado de maus resultados em termos de saúde e para conceber intervenções destinadas a fazer face a esses riscos.

Neste estudo de caso, os investigadores da Fundação Bill e Melinda Gates utilizaram dados do DHS para identificar grupos de crianças na África Subsariana que corriam um risco elevado de morrer de doenças evitáveis, como a malária, a pneumonia e a diarreia. Ao analisar os dados, os investigadores conseguiram identificar vários factores-chave que estavam associados a um risco acrescido de mortalidade infantil, incluindo a pobreza, a falta de acesso a serviços de saúde e baixas taxas de vacinação [20].

Com base nesta análise, os investigadores desenvolveram uma estratégia de intervenção direccionada para reduzir as taxas de mortalidade infantil nestes grupos de alto risco. A estratégia de intervenção incluiu uma combinação de intervenções como vacinas, mosquiteiros para prevenir a malária e um melhor acesso aos serviços de saúde. Estas intervenções foram adaptadas às necessidades específicas de cada agrupamento com base nos factores de risco subjacentes identificados nos dados do DHS. O impacto destas intervenções direccionadas foi significativo. Os investigadores descobriram que as taxas de mortalidade infantil nos grupos de alto risco diminuíram até 30% após a implementação da estratégia de intervenção. Esta redução nas taxas de mortalidade infantil representa uma melhoria significativa nos resultados de saúde das crianças nestas áreas e demonstra o potencial da saúde pública de precisão para ter um impacto significativo na saúde global.

Um dos principais pontos fortes da saúde pública de precisão é a sua capacidade de direcionar as intervenções para grupos populacionais específicos com base nas suas características e necessidades únicas. Ao utilizar os dados para identificar grupos de alto risco e adaptar as intervenções em conformidade, os investigadores e os responsáveis pela saúde pública podem maximizar o impacto dos recursos limitados e melhorar os resultados de saúde das populações vulneráveis.

6.3 Descoberta e desenvolvimento de medicamentos

A integração da ciência dos dados no processo de descoberta e desenvolvimento de medicamentos revolucionou a forma como os investigadores abordam a identificação de potenciais alvos de medicamentos e o desenvolvimento de novos tratamentos. Um exemplo convincente deste facto é o trabalho realizado por investigadores da Universidade de Toronto, que utilizaram algoritmos de aprendizagem automática para analisar dados genéticos e moleculares de doentes com tuberculose (TB) na África do Sul. Ao discernir padrões intrincados nos vastos conjuntos de dados, estes investigadores conseguiram identificar potenciais alvos de medicamentos para o tratamento da TB, contribuindo, em última análise, para o desenvolvimento de novos medicamentos que demonstram eficácia contra estirpes da doença resistentes aos medicamentos [21]. A tuberculose, uma doença infecciosa que afecta principalmente os pulmões, representa uma ameaça significativa para a saúde mundial, sobretudo em regiões com acesso limitado aos recursos de saúde. Um dos desafios mais prementes no combate à tuberculose é o aumento de estirpes resistentes aos medicamentos, que tornam os tratamentos tradicionais ineficazes e complicam a gestão dos doentes. Para enfrentar este desafio, os investigadores da Universidade de Toronto iniciaram um estudo inovador, tirando partido do poder da ciência dos dados e da aprendizagem automática para descobrir novos conhecimentos sobre os mecanismos moleculares da infeção por TB e da resistência aos medicamentos. Os investigadores começaram por recolher extensos dados genéticos e moleculares de doentes com TB na África do Sul, um país que se debate com elevadas taxas de TB resistente aos medicamentos. Estes dados incluíam informações sobre a composição genética da bactéria da TB, variações nas respostas imunitárias do hospedeiro e padrões de resistência aos medicamentos observados em contextos clínicos. O grande volume e a complexidade destes dados constituíram um desafio formidável, sublinhando a necessidade de métodos computacionais avançados para extrair informações significativas. Os algoritmos de aprendizagem automática surgiram como uma ferramenta poderosa para decifrar os padrões intrincados escondidos nos vastos conjuntos de dados. Estes algoritmos, treinados na riqueza de dados genéticos e moleculares recolhidos de doentes com TB, foram capazes de identificar correlações, associações e padrões preditivos que poderiam ter escapado às abordagens analíticas tradicionais. Através de uma análise e de um refinamento iterativos, os investigadores aperfeiçoaram as principais vias moleculares e os alvos biológicos implicados na infeção por TB e na resistência aos medicamentos. Uma das principais conclusões do estudo foi a identificação de potenciais alvos de medicamentos que desempenham papéis cruciais na sobrevivência e virulência da bactéria da TB. Ao analisar os dados genéticos e moleculares, os investigadores identificaram proteínas e vias específicas que poderiam servir de alvos promissores para novas terapias medicamentosas. Estes alvos abrangeram uma série de processos biológicos, incluindo a replicação bacteriana, a síntese da parede celular e a evasão das respostas imunitárias do hospedeiro. A importância destas descobertas foi sublinhada pela necessidade urgente de novos tratamentos para combater a TB resistente aos medicamentos. Os antibióticos convencionais utilizados para tratar a TB estão a tornar-se cada vez mais ineficazes contra as estirpes resistentes, o que exige o desenvolvimento de estratégias terapêuticas alternativas. A identificação de novos alvos de medicamentos através de abordagens baseadas em dados ofereceu um vislumbre de esperança na luta contra a TB resistente aos medicamentos, proporcionando uma base para o desenvolvimento de tratamentos inovadores com potencial para ultrapassar os desafios existentes. Com base nas suas descobertas, os investigadores colaboraram com empresas farmacêuticas e empresas de biotecnologia para traduzir os seus resultados em intervenções terapêuticas tangíveis. Armados com os conhecimentos obtidos a partir da análise dos seus dados, estas colaborações produziram resultados promissores sob a forma de novos candidatos a medicamentos e compostos terapêuticos concebidos para atuar nas vias moleculares identificadas. Estudos pré-clínicos e ensaios clínicos em fase inicial demonstraram a eficácia e a segurança destes novos tratamentos, abrindo caminho para um maior desenvolvimento e eventual aprovação regulamentar. O impacto destes avanços na descoberta e desenvolvimento de medicamentos estende-se muito para além do domínio do tratamento da tuberculose, servindo de testemunho do potencial transformador da ciência dos dados nos cuidados de saúde. Ao aproveitarem o poder das abordagens baseadas em dados, os investigadores estão a acelerar o ritmo da inovação, a abrir novas vias para a intervenção terapêutica e, em última análise, a melhorar os resultados para os doentes. O estudo de caso da investigação da Universidade de Toronto exemplifica o profundo impacto que a ciência dos dados pode ter na resolução dos desafios globais da saúde e no avanço das fronteiras da ciência médica.

6.4 Afetação dos recursos dos cuidados de saúde

A integração da ciência dos dados no processo de descoberta e desenvolvimento de medicamentos revolucionou a forma como os investigadores abordam a identificação de potenciais alvos de medicamentos e o desenvolvimento de novos tratamentos. Um exemplo convincente deste facto é o trabalho realizado por investigadores da Universidade de Toronto, que utilizaram algoritmos de aprendizagem automática para analisar dados genéticos e moleculares de doentes com tuberculose (TB) na África do Sul. Ao discernir padrões intrincados nos vastos conjuntos de dados, estes investigadores conseguiram identificar potenciais alvos de medicamentos para o tratamento da TB, contribuindo assim para o desenvolvimento de novos medicamentos que demonstram eficácia contra estirpes da doença resistentes aos medicamentos. A tuberculose, uma doença infecciosa que afecta principalmente os pulmões, representa uma ameaça significativa para a saúde mundial, sobretudo em regiões com acesso limitado aos recursos de saúde. Um dos desafios mais prementes no combate à tuberculose é o aumento de estirpes resistentes aos medicamentos, que tornam os tratamentos tradicionais ineficazes e complicam a gestão dos doentes. Para enfrentar este desafio, os investigadores da Universidade de Toronto iniciaram um estudo inovador, tirando partido do poder da ciência dos dados e da aprendizagem automática para descobrir novas perspectivas sobre os mecanismos moleculares da infeção por TB e da resistência aos medicamentos. Os investigadores começaram por recolher extensos dados genéticos e moleculares de doentes com TB na África do Sul, um país que se debate com elevadas taxas de TB resistente aos medicamentos. Estes dados incluíam informações sobre a composição genética da bactéria da TB, variações nas respostas imunitárias do hospedeiro e padrões de resistência aos medicamentos observados em contextos clínicos. O grande volume e a complexidade destes dados constituíram um desafio formidável, sublinhando a necessidade de métodos computacionais avançados para extrair informações significativas. Os algoritmos de aprendizagem automática surgiram como uma ferramenta poderosa para decifrar os padrões intrincados escondidos nos vastos conjuntos de dados. Estes algoritmos, treinados na riqueza de dados genéticos e moleculares recolhidos de doentes com TB, foram capazes de identificar correlações, associações e padrões preditivos que poderiam ter escapado às abordagens analíticas tradicionais. Através de uma análise e de um refinamento iterativos, os investigadores aperfeiçoaram as principais vias moleculares e os alvos biológicos implicados na infeção por TB e na resistência aos medicamentos. Uma das principais conclusões do estudo foi a identificação de potenciais alvos de medicamentos que desempenham papéis cruciais na sobrevivência e virulência da bactéria da TB. Ao analisar os dados genéticos e moleculares, os investigadores identificaram proteínas e vias específicas que poderiam servir de alvos promissores para novas terapias medicamentosas. Estes alvos abrangeram uma série de processos biológicos, incluindo a replicação bacteriana, a síntese da parede celular e a evasão das respostas imunitárias do hospedeiro.A importância destes resultados foi sublinhada pela necessidade urgente de novos tratamentos para combater a TB resistente aos medicamentos. Os antibióticos convencionais utilizados no tratamento da tuberculose estão a tornar-se cada vez mais ineficazes contra as estirpes resistentes, exigindo o desenvolvimento de estratégias terapêuticas alternativas. A identificação de novos alvos de medicamentos através de abordagens baseadas em dados ofereceu um vislumbre de esperança na luta contra a TB resistente aos medicamentos, proporcionando uma base para o desenvolvimento de tratamentos inovadores com potencial para ultrapassar os desafios existentes. Com base nas suas descobertas, os investigadores colaboraram com empresas farmacêuticas e empresas de biotecnologia para traduzir os seus resultados em intervenções terapêuticas tangíveis. Armados com os conhecimentos obtidos a partir da análise dos seus dados, estas colaborações produziram resultados promissores sob a forma de novos candidatos a medicamentos e compostos terapêuticos concebidos para atuar nas vias moleculares identificadas. Estudos pré-clínicos e ensaios clínicos em fase inicial demonstraram a eficácia e a segurança destes novos tratamentos, abrindo caminho para um maior desenvolvimento e eventual aprovação regulamentar. O impacto destes avanços na descoberta e desenvolvimento de medicamentos estende-se muito para além do domínio do tratamento da TB, servindo de testemunho do potencial transformador da ciência dos dados nos cuidados de saúde. Ao aproveitarem o poder das abordagens baseadas em dados, os investigadores estão a acelerar o ritmo da inovação, a abrir novas vias para a intervenção terapêutica e, em última análise, a melhorar os resultados para os doentes. O estudo de caso da investigação da Universidade de Toronto exemplifica o profundo impacto que a ciência dos dados pode ter na resolução dos desafios globais da saúde e no avanço das fronteiras da ciência médica.

6.5 Acesso aos cuidados de saúde e equidade

Em muitas partes do mundo, o acesso aos serviços de saúde é uma questão crítica, especialmente nas comunidades rurais e carenciadas. A ciência dos dados está a desempenhar um papel cada vez mais importante na resolução destas disparidades, fornecendo informações sobre o acesso e a equidade dos cuidados de saúde e orientando os decisores políticos na tomada de decisões informadas. Um exemplo notável é o trabalho realizado por investigadores da Universidade de Harvard, que utilizaram imagens de satélite e algoritmos de aprendizagem automática para cartografar as instalações de cuidados de saúde nas zonas rurais do Ruanda. Esta abordagem inovadora permitiu que os decisores políticos identificassem áreas com baixo acesso aos cuidados de saúde e dessem prioridade à construção de novas instalações, melhorando assim o acesso aos cuidados de saúde para milhares de pessoas. O Ruanda, um país situado na África Oriental, fez progressos significativos na melhoria do seu sistema de saúde nos últimos anos. No entanto, o acesso aos serviços de saúde continua a ser um desafio em muitas zonas rurais, onde as instalações de saúde são escassas e muitas vezes inacessíveis. Para resolver este problema, investigadores da Universidade de Harvard colaboraram com o governo do Ruanda para utilizar imagens de satélite e aprendizagem automática para cartografar as instalações de cuidados de saúde e avaliar o acesso aos cuidados de saúde nas zonas rurais. As imagens de satélite forneceram aos investigadores informações detalhadas sobre as características geográficas das zonas rurais do Ruanda, incluindo a localização de estradas, rios e povoações. Ao analisar estas imagens, os investigadores conseguiram identificar áreas mal servidas por instalações de cuidados de saúde, onde o acesso aos cuidados era limitado ou inexistente. Os algoritmos de aprendizagem automática foram então utilizados para analisar estes dados e gerar mapas que destacavam as áreas com maior necessidade de novas instalações de cuidados de saúde.

Uma das principais conclusões da investigação foi a identificação de grupos de comunidades nas zonas rurais do Ruanda que estavam localizadas longe das instalações de cuidados de saúde existentes. Estas comunidades estavam frequentemente isoladas por terrenos acidentados ou não tinham acesso a transportes, o que dificultava o acesso dos residentes aos serviços de saúde quando necessário. Ao identificar estas áreas, os decisores políticos puderam dar prioridade à construção de novas instalações de cuidados de saúde em locais estratégicos, garantindo aos residentes um melhor acesso aos cuidados. O impacto desta abordagem foi significativo. Ao utilizar imagens de satélite e aprendizagem automática para informar a tomada de decisões, os responsáveis políticos conseguiram melhorar o acesso aos cuidados de saúde para milhares de pessoas nas zonas rurais do Ruanda. Foram construídas novas instalações de cuidados de saúde em zonas mal servidas, proporcionando aos residentes acesso a serviços de saúde essenciais, como vacinas, cuidados pré-natais e tratamento de doenças comuns.

CAPÍTULO 7

TENDÊNCIAS E ORIENTAÇÕES FUTURAS

As tecnologias emergentes na ciência dos dados de cuidados de saúde estão a transformar o campo, oferecendo novas formas de recolher, analisar e aproveitar os dados para melhorar os cuidados aos doentes, melhorar os resultados e fazer avançar a investigação médica. Uma das principais tecnologias emergentes na ciência dos dados de cuidados de saúde é a inteligência artificial (IA), que inclui algoritmos de aprendizagem automática e aprendizagem profunda. Estes algoritmos de IA podem analisar grandes volumes de dados complexos, tais como imagens médicas, dados genéticos e registos de saúde electrónicos (EHR), para identificar padrões e conhecimentos que podem informar a tomada de decisões clínicas. Por exemplo, os algoritmos de IA podem analisar imagens médicas, como radiografias e ressonâncias magnéticas, para detetar anomalias e ajudar os radiologistas no diagnóstico de doenças. A IA também pode ser utilizada para prever os resultados dos doentes e personalizar os planos de tratamento com base em dados individuais dos doentes, o que conduz a uma prestação de cuidados de saúde mais eficaz e eficiente.

Outra tecnologia emergente na ciência dos dados de cuidados de saúde é a Internet das Coisas Médicas (IoMT), que se refere à rede de dispositivos médicos e sensores portáteis que estão ligados à Internet e recolhem dados sobre a saúde dos doentes. Estes dispositivos podem monitorizar continuamente os sinais vitais, como o ritmo cardíaco, a tensão arterial e os níveis de glucose no sangue, e transmitir estes dados aos prestadores de cuidados de saúde em tempo real. Ao tirar partido dos dados da IoMT, os prestadores de cuidados de saúde podem acompanhar remotamente o estado de saúde dos doentes, identificar sinais de alerta precoce de problemas de saúde e intervir proactivamente para evitar complicações. A tecnologia Blockchain está também a emergir como um potencial fator de mudança na ciência dos dados dos cuidados de saúde. A cadeia de blocos é um livro-razão digital descentralizado, seguro e transparente que pode registar transacções e entradas de dados de forma inviolável. Nos cuidados de saúde, a cadeia de blocos pode ser utilizada para armazenar e partilhar registos médicos de forma segura, garantindo a privacidade e a segurança dos dados dos pacientes. Por exemplo, a tecnologia de cadeia de blocos pode permitir que os pacientes tenham mais controlo sobre os seus registos médicos, permitindo-lhes conceder ou revogar o acesso aos seus dados, conforme necessário. Isto pode melhorar a interoperabilidade dos dados entre os prestadores de cuidados de saúde e melhorar a coordenação dos cuidados prestados aos doentes.

Outra tecnologia emergente na ciência dos dados de saúde é a tecnologia 5G, que promete revolucionar a forma como os dados de saúde são transmitidos e processados. A tecnologia 5G oferece velocidades de transferência de dados mais rápidas, menor latência e maior largura de banda em comparação com as gerações anteriores de redes móveis. Isto pode permitir a monitorização remota em tempo real dos doentes, a imagiologia médica de alta resolução e as consultas de telemedicina, o que pode melhorar o acesso aos serviços de saúde e a prestação de cuidados. Além disso, os avanços nas tecnologias de processamento de linguagem natural (PNL) e de reconhecimento de voz estão também a transformar a ciência dos dados relativos aos cuidados de saúde. Estas tecnologias permitem aos prestadores de cuidados de saúde converter dados não estruturados, como notas clínicas e conversas com doentes, em dados estruturados que podem ser analisados e utilizados para informar a tomada de decisões clínicas. Por exemplo, os algoritmos de PNL podem analisar notas clínicas para identificar tendências nos resultados dos pacientes ou eventos adversos, ajudando os prestadores de cuidados de saúde a melhorar a qualidade dos cuidados.

7.1 Impacto potencial da IA e da aprendizagem automática nos cuidados de saúde

A inteligência artificial (IA) e a aprendizagem automática estão prestes a revolucionar os cuidados de saúde, oferecendo o potencial para transformar todos os aspectos do sector, desde os cuidados aos doentes e o diagnóstico até à descoberta de medicamentos e às tarefas administrativas. O impacto da IA e da aprendizagem automática nos cuidados de saúde já se faz sentir, com inúmeras aplicações que estão a melhorar a eficiência, a precisão e os resultados. Uma das principais áreas em que a IA e a aprendizagem automática estão a ter um impacto significativo é a imagiologia médica. Os algoritmos de IA podem analisar imagens médicas, como radiografias, ressonâncias magnéticas e tomografias computorizadas, com um nível de precisão e velocidade que rivaliza ou ultrapassa os radiologistas humanos. Isto pode ajudar a melhorar a precisão do diagnóstico, reduzir os erros e acelerar a interpretação dos resultados, conduzindo a um tratamento mais rápido e eficaz para os doentes. Outra área em que a IA e a aprendizagem automática estão a ter um impacto significativo é a da medicina personalizada. Ao analisar grandes quantidades de dados, incluindo informação genética, historial médico e factores relacionados com o estilo de vida, os algoritmos de IA podem ajudar a identificar planos de tratamento personalizados que são adaptados a cada doente. Isto pode levar a tratamentos mais eficazes com menos efeitos secundários, bem como a melhores resultados para os doentes. A IA e a aprendizagem automática também estão a ser utilizadas para melhorar a prestação de cuidados de saúde e os resultados dos doentes. Por exemplo, os chatbots e os assistentes virtuais alimentados por IA podem fornecer aos doentes conselhos de saúde personalizados, marcar consultas e responder a perguntas sobre a sua saúde. Isto pode ajudar a melhorar o acesso aos serviços de saúde, reduzir os tempos de espera e fornecer aos doentes as informações de que necessitam para gerir a sua saúde de forma mais eficaz. Para além de melhorar os cuidados prestados aos doentes, a IA e a aprendizagem automática também estão a ser utilizadas para simplificar as tarefas administrativas nos cuidados de saúde. Por exemplo, os algoritmos de IA podem analisar registos médicos para identificar erros de codificação e garantir que os pedidos de reembolso são processados com precisão e eficiência. Isto pode ajudar a reduzir os custos administrativos, melhorar a precisão da faturação e libertar os profissionais de saúde para se concentrarem nos cuidados aos doentes.

O impacto potencial da IA e da aprendizagem automática nos cuidados de saúde é vasto, com potencial para transformar o sector de formas anteriormente inimagináveis. No entanto, há também desafios que têm de ser enfrentados, como garantir a privacidade e a segurança dos dados dos doentes, abordar as questões regulamentares e éticas e garantir que os algoritmos de IA são transparentes e explicáveis. Apesar destes desafios, o futuro dos cuidados de saúde afigura-se brilhante, com a promessa da IA e da aprendizagem automática de melhorar os cuidados aos doentes, melhorar os resultados e impulsionar a inovação no sector.

7.2 Oportunidades para mais investigação e inovação

As oportunidades de investigação e inovação no domínio dos cuidados de saúde são abundantes, com potencial para revolucionar os cuidados prestados aos doentes, melhorar os resultados e aumentar a eficiência do sistema de saúde. Uma área que pode ser explorada é a intersecção entre a inteligência artificial (IA) e a genómica. A IA já se mostrou promissora na análise de dados genómicos para identificar padrões e conhecimentos que podem informar planos de tratamento personalizados e o desenvolvimento de medicamentos. Uma investigação mais aprofundada neste domínio poderá conduzir ao desenvolvimento de tratamentos mais direccionados e eficazes para uma vasta gama de doenças. Outra área de oportunidade é a utilização de dispositivos e sensores portáteis para recolher dados de saúde em tempo real. Estes dispositivos podem monitorizar sinais vitais, níveis de atividade e outros parâmetros de saúde, fornecendo dados valiosos que podem ser utilizados para acompanhar e gerir doenças crónicas, detetar sinais precoces de doença e personalizar planos de tratamento. Mais investigação nesta área poderá levar ao desenvolvimento de dispositivos e sensores portáteis mais avançados, capazes de recolher dados de saúde ainda mais detalhados e precisos.

Além disso, há uma necessidade crescente de investigação e inovação no domínio da telemedicina e da monitorização remota dos doentes. A pandemia de COVID-19 pôs em evidência a importância da telemedicina para proporcionar o acesso aos cuidados de saúde, minimizando simultaneamente o risco de exposição a doenças infecciosas. Uma investigação mais aprofundada neste domínio poderá conduzir ao desenvolvimento de novas tecnologias e plataformas de telemedicina que reforcem a prestação de cuidados e melhorem os resultados para os doentes.

Além disso, existe uma oportunidade de aproveitar os grandes volumes de dados e a análise para melhorar a prestação de cuidados de saúde e a gestão da saúde da população. Ao analisar grandes volumes de dados, incluindo registos de saúde electrónicos, dados de pedidos de reembolso e determinantes sociais da saúde, os investigadores podem identificar tendências e padrões que podem informar as políticas e intervenções de saúde pública. Uma investigação mais aprofundada nesta área poderá levar ao desenvolvimento de estratégias mais eficazes para prevenir e gerir doenças crónicas, reduzir os custos dos cuidados de saúde e melhorar a saúde geral da população. Além disso, há necessidade de investigação e inovação no domínio da cibersegurança dos cuidados de saúde e da privacidade dos dados. Dado que as organizações de cuidados de saúde dependem cada vez mais das tecnologias digitais para recolher, armazenar e analisar os dados dos doentes, existe um risco crescente de violação de dados e de ciberataques. O aprofundamento da investigação neste domínio poderá conduzir ao desenvolvimento de soluções de cibersegurança mais seguras e robustas que protejam os dados dos doentes e garantam a privacidade das informações sensíveis. De um modo geral, as oportunidades para mais investigação e inovação no domínio dos cuidados de saúde são vastas, com potencial para transformar o sector e melhorar a vida de milhões de pessoas em todo o mundo. Ao investir nestas áreas, os investigadores e inovadores podem ajudar a impulsionar mudanças positivas e a moldar o futuro dos cuidados de saúde para as gerações vindouras.

CAPÍTULO 8

CONCLUSÃO

A ciência dos dados já começou a revolucionar a prestação de cuidados de saúde, a melhorar os resultados dos doentes e a fazer avançar a investigação médica, prevendo-se que o seu impacto cresça exponencialmente nos próximos anos. Uma das principais áreas em que se espera que a ciência dos dados tenha um impacto significativo é a vigilância de doenças e a previsão de surtos. Ao tirar partido de grandes volumes de dados de diversas fontes, como as redes sociais, os padrões meteorológicos e os registos de saúde, os investigadores e os responsáveis pela saúde pública podem detetar sinais de alerta precoce de surtos de doenças e implementar intervenções atempadas para evitar a propagação de doenças. Através da análise de dados genéticos e moleculares, os investigadores podem identificar planos de tratamento personalizados que são adaptados a cada doente, conduzindo a tratamentos mais eficazes com menos efeitos secundários. Esta abordagem tem o potencial de revolucionar a forma como tratamos uma vasta gama de doenças, desde o cancro às doenças infecciosas, e de melhorar os resultados para os doentes em todo o mundo. Ao analisar os dados sobre o acesso e a utilização dos cuidados de saúde, os investigadores e os decisores políticos podem identificar as disparidades na prestação de cuidados de saúde e desenvolver intervenções específicas para as combater. Esta abordagem tem o potencial de melhorar o acesso aos cuidados de saúde por parte das populações carenciadas e de reduzir as disparidades no domínio da saúde, conduzindo, em última análise, a melhores resultados de saúde para todos. Para além destas áreas, espera-se também que a ciência dos dados impulsione a inovação na descoberta e desenvolvimento de medicamentos. Ao analisar grandes conjuntos de dados genéticos e moleculares, os investigadores podem identificar novos alvos de medicamentos e desenvolver tratamentos mais eficazes para uma vasta gama de doenças. Esta abordagem tem o potencial de acelerar o processo de descoberta de medicamentos e de colocar novos tratamentos no mercado mais rapidamente, beneficiando doentes de todo o mundo. De um modo geral, o futuro da ciência dos dados na saúde global é incrivelmente entusiasmante, com potencial para revolucionar a forma como abordamos a prestação de cuidados de saúde, melhorar os resultados dos doentes e fazer avançar a investigação médica. Ao investir na ciência dos dados e ao tirar partido do poder da tecnologia, temos a oportunidade de abordar alguns dos desafios de saúde mais prementes que o mundo enfrenta atualmente e de melhorar a vida de milhões de pessoas em todo o mundo.

REFERÊNCIAS

1. Kwok, C. S., Muntean, E. A., Mallen, C. D., & Borovac, J. A. (2022). Teoria da recolha de dados na investigação em cuidados de saúde: o conjunto mínimo de dados em estudos quantitativos. Clínica e prática, 12(6), 832-844.

2. Soriano-Valdez, D., Pelaez-Ballestas, I., Manrique de Lara, A., & Gastelum-Strozzi, A. (2021). Os princípios básicos de dados, big data e aprendizado de máquina na prática clínica. Reumatologia Clínica, 40(1), 11-23.

3. Nutley, T., & Reynolds, H. (2013). Melhorar a utilização dos dados de saúde para o reforço do sistema de saúde. Ação Mundial para a Saúde, 6(1), 20001.

4. Bempong, N. E., De Castañeda, R. R., Schütte, S., Bolon, I., Keiser, O., Escher, G., & Flahault, A. (2019). Precision Global Health-The case of Ebola: a scoping review. Jornal de saúde global, 9(1).

5. Burk, S., & Miner, G. D. (2020). It's All Analytics! The Foundations of Al, Big Data and Data Science Landscape for Professionals in Healthcare, Business, and Government. Productivity Press.

6. Torgerson, C. M., Quinn, C., Dinov, I., Liu, Z., Petrosyan, P., Pelphrey, K., ... & Van Horn,

J. D. (2015). Interagindo com o Banco de Dados Nacional para Pesquisa em Autismo (NDAR) através do ambiente de fluxo de trabalho do LONI Pipeline. Imagem e comportamento do cérebro, 9, 89-103.

7. Esteva, A., Robicquet, A., Ramsundar, B., Kuleshov, V., DePristo, M., Chou, K., & Dean, J. (2019). Um guia para aprendizagem profunda em saúde. Medicina natural, 25(1), 24-29.

8. Kwak, G. H. J., & Hui, P. (2019). DeepHealth: Deep Learning for Health Informatics revisões, desafios e oportunidades em imagens médicas, registros eletrônicos de saúde, genômica, sensoriamento e saúde de comunicação online. arXiv preprint arXiv: 1909.00384.

9. Muralidharan, C., & Anitha, R. (2020). Análise do relatório do paciente para identificação e diagnóstico de doenças. Em Machine Learning for Healthcare (pp. 129-158). Chapman and Hall/CRC.

10. Galatro, D., & Dawe, S. (2023). Análise Exploratória de Dados. Em Análise de dados para engenheiros de processo: Previsão, Controlo e Otimização (pp. 13-57). Cham: Springer Nature Switzerland.

11. Inastrilla, C. R. A. (2023, setembro). Visualização de dados na sociedade da informação. Em Seminários em Redação e Educação Médica (Vol. 2, pp. 25-25).

12. Ahmed, A., Xi, R., Hou, M., Shah, S. A., & Hameed, S. (2023). Aproveitando a análise de big data para a saúde: Uma revisão abrangente de estruturas, implicações, aplicações e impactos. Acesso IEEE.

13. Singh, R. K., Agrawal, S., Sahu, A., & Kazancoglu, Y. (2023). Questões estratégicas das aplicações analíticas de big data para a gestão do sector dos cuidados de saúde: uma revisão sistemática da literatura e uma agenda de investigação futura. The TQM Journal, 35(1), 262-291.

14. Zinsstag, J., Kaiser-Grolimund, A., Heitz-Tokpa, K., Sreedharan, R., Lubroth, J., Caya, F., De la Rocque, S. (2023). Avanço de uma saúde humano-animal-ambiental para a segurança sanitária global: o que dizem as evidências? The Lancet, 401(10376), 591-604.

15. Almotairi, K. H., Hussein, A. M., Abualigah, L., Abujayyab, S. K., Mahmoud, E. H., Ghanem, B. O., & Gandomi, A. H. (2023). Impacto da inteligência artificial na pandemia COVID-19: um levantamento do processamento de imagens, rastreamento de doenças, previsão de resultados e medicina computacional. Big Data e Computação Cognitiva, 7(1), 11.

16. Ordu, M., Demir, E., Tofallis, C., & Gunal, M. M. (2021). Uma nova ferramenta de apoio à decisão de alocação de recursos de saúde: Uma abordagem de previsão-simulação-otimização. Jornal da sociedade de investigação operacional, 72(3), 485-500.

17. Ahmed, Z., Mohamed, K., Zeeshan, S., & Dong, X. (2020). Inteligência artificial com desenvolvimento de plataforma de aprendizagem automática multifuncional para melhores cuidados de saúde e medicina de precisão. Base de dados, 2020, baaa010.

18. Centros de Controlo e Prevenção de Doenças. (2021). Lei da portabilidade e responsabilidade dos seguros de saúde de 1996.

19. Gerke, S., Minssen, T., & Cohen, G. (2020). Desafios éticos e jurídicos dos cuidados de saúde orientados para a inteligência artificial. Em Artificial intelligence in healthcare (pp. 295-336). Imprensa académica.

20. Faye, C. M., Wehrmeister, F. C., Melesse, D. Y., Mutua, M. K. K., Maïga, A., Taylor, C. M., ... & Boerma, T. (2020). Desigualdades subnacionais grandes e persistentes na cobertura das intervenções de saúde reprodutiva, materna, neonatal e infantil na África Subsariana. BMJ global health, 5(1), e002232.

21. Bobak, C. A., Kang, L., Workman, L., Bateman, L., Khan, M. S., Prins, M.,& Hill, J.E. (2021). A respiração pode discriminar a tuberculose de outras doenças respiratórias inferiores em crianças. Scientific Reports, 11(1), 2704.

Printed by Books on Demand GmbH, Norderstedt / Germany